UI

视觉风格设计

Illustrator
实例教程

张 崟
金元彪 编
梁跃荣
李灿熙

化学工业出版社
·北京·

内容简介

本书讲解了 Illustrator 软件主要工具的使用方法和技巧，各章节分别围绕目前较流行的 UI 视觉风格展开编写，使广大读者能够将设计理论知识运用到实际案例中。全书图文并茂、步骤详细，其中包含几何化风格、线性风格、渐变风格、2.5D 风格等四个不同风格的设计案例。

本书适合高等院校产品设计、数字媒体、视觉传达等专业学生以及 UI 设计爱好者作为教材或参考用书。

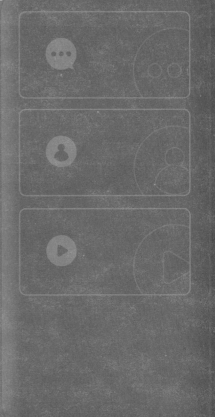

图书在版编目（CIP）数据

UI视觉风格设计：Illustrator实例教程/张崟等编.
—北京：化学工业出版社，2022.1
ISBN 978-7-122-40072-7

Ⅰ.①U… Ⅱ.①张… Ⅲ.①图形软件–高等学校–教材 Ⅳ.①TP391.412

中国版本图书馆CIP数据核字（2021）第208666号

责任编辑：李彦玲　　　　　　　　　装帧设计：王晓宇
责任校对：杜杏然

出版发行：化学工业出版社（北京市东城区青年湖南街13号　邮政编码100011）
印　　装：北京宝隆世纪印刷有限公司
787mm×1092mm　1/16　印张8½　字数206千字　2022年1月北京第1版第1次印刷

购书咨询：010-64518888　　　售后服务：010-64518899
网　　址：http://www.cip.com.cn

凡购买本书，如有缺损质量问题，本社销售中心负责调换。

定价：58.00元

1973 年，名为奥托的电脑在施乐公司帕洛阿尔托研究中心被发明出来，该电脑首次使用了桌面比拟和鼠标驱动的图形用户界面 (GUI) 技术。在 20 世纪 80 年代初苹果公司利用奥托的创意，采用位图显示和以鼠标为中心的接口技术开发的 Macintosh 定义了"个人电脑"，同时也被一部分设计师看作"UI"设计的开端。2008 年苹果公司发布了基于多点触控技术开发的手机系统 iPhone OS，重新定义了智能手机。在国内，MIUI 是小米公司出品的第一个广为人知的产品，也是小米手机的灵魂。一直以来，MIUI 坚持以用户体验为核心的原则，从用户中听取意见，并每周更新。这在早期为小米手机赢得了第一批米粉，同时也证明了"用户体验"在大众消费市场中的价值。其中 UI 设计可以说是打造出色体验的最后一步，其重要程度可想而知。本书中阐述的案例及方法可广泛应用于互联网、物联网等相关行业。

时下在各种媒介上都可以看到大量关于 UI 设计的讨论，最常出现的话语之一就是"UI 设计不只是做视觉设计，设计师不是单纯的美工"。当然出色的设计师需要更广的知识面，才能解决更高层次的问题。但反过来想想"UI 设计不只是做视觉设计"也就意味着能把视觉设计做好是每个设计师都应该具备的基础能力，初学设计的朋友更应该重视培养解决美感问题的能力。事实上做一个出色的"美工"也需要储备大量知识和实践经验，并不是一件容易的事情。

本书虽然是一本 Illustrator 软件实例教程，但学习软件的目的不在于精通软件本身，而是让软件成为我们进行设计创作的好帮手。因此本书在实例演练中融入了视觉设计和 UI 设计的基础知识，希望读者们可以在学习和掌握软件的过程中顺利踏上设计创作之路。

本书打破了以往计算机辅助设计与 UI 设计互相独立的教学方式，将二者融为一体，具有较强的针对性与实践性。编者从软件基本操作知识着手，通过难度渐进的 UI 设计案例，帮助读者快速掌握 Illustrator 软件的同时，了解 UI 视觉风格设计的方法。

本书由张釜、金元彪、梁跃荣、李灿熙编。由于编写人员的水平有限，在编写过程中难免有不足之处，望广大读者不吝赐教，对书中的不足之处拨冗指正。

书后附有二维码，扫码下载所有实例的源文件，以便读者练习使用。

编 者

2021 年 9 月

Ai

目 录

CHAPTER ONE

1

认识 UI 视觉风格设计与 Illustrator 软件

1.1 如何理解视觉风格

"风格"在不同语境里有着不同的意思。谈论某品牌或某设计师的风格时说的是某种独特的精神内核带出的行事风格。比如香奈儿作为引领潮流的时装品牌之一，其产品不断推陈出新，但是该品牌希望传递的价值观却不曾改变——服装的优雅在于行动自由。苹果公司的新产品总会以意想不到的方式赢得市场的肯定，这一现象也很好地诠释了该品牌从 1995 年至今都在使用的口号——"Think Different"。

而探讨设计作品的风格时更多的意味着设计作品外在形式的显著特征，例如极简风、波普风等举不胜举的"风格"。"风格"之所以得以确立是因为一批具有显著外在特征的作品在特定思想观念、意识形态影响下被创作出来，又被广泛展示和讨论。视觉风格既包含特定的思想内涵和情感，又具有显著的外在特征，因此在设计中，风格是帮助传递情感的有力工具。它可以为设计作品营造氛围，帮助唤起情感，提升体验品质。本书中提到的"UI 视觉风格"，是时下较为流行且具有代表性的几种风格。目的是为了读者朋友们可以借由完成一个个风格鲜明设计案例，掌握软件技巧的同时，学会活用各种风格进行设计创作。

而作为设计师的个人风格是无法通过短期学习获得的，个人风格需要设计师在每一天的工作和生活中汲取养分，进行独立的思考，逐渐形成自己独特的"设计哲学"之后才能显现。

1.2 Illustrator 在 UI 设计中的作用与优势

Illustrator 是 Adobe 公司推出的矢量图形制作软件，广泛应用于平面设计、插画、UI 设计等创意领域。Illustrator 优异的功能和使用体验让其成为最著名的矢量图形软件，Adobe 公司强大的创意行业生态系统还可以为设计师提供更多的资讯和技术上的支持，因此 Illustrator 可以说是众多创意领域设计师的必备软件。

在叙述 Illustrator 的优点之前首先要解释一下前文中提到的"矢量图形"是什么。所谓矢量图，就是使用直线和曲线来描述的图形，构成这些图形的元素是一些点、线、矩形、多边形、圆和弧线等，它们都是通过数学公式计算获得的，具有编辑后不失真的特点。例如一幅画的矢量图形实际上是由线段形成外框轮廓，由外框的颜色以及外框所封闭的颜色决定画显示出的颜色。矢量图形最大的优点是无论放大、缩小或旋转等不会失真；而它的缺点是难以表现色彩层次丰富的逼真图像效果。

另外矢量图有更强的可编辑性，这让使用 Illustrator 进行 UI 设计时的修改效率更高。Illustrator 还支持在一个文件里建立多个画板的功能，可以帮助设计师在 UI 设计过程中更高效地把控页面视觉延续性和统一性。虽然矢量绘图软件也存在不方便制作复杂色彩图像的弊端，但在 UI 设计日渐简洁化的大趋势下这一弊端并不会对 UI 设计造成多少阻碍。因此总体来说选择矢量绘图软件进行 UI 设计相比位图软件是利大于弊的。

CHAPTER TWO

2

Illustrator 软件基础

2.1 认识 Illustrator

2.1.1 打开文件

初次打开 Illustrator 会看到这样一个界面，如图 2-1 所示。

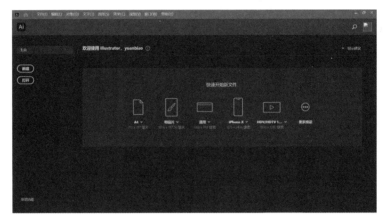

图 2-1

首先屏幕的顶部可以看到一个写着"文件、编辑、对象、文字、选择、效果、视图、窗口、帮助"的长条，这个长条叫作"菜单栏"。在菜单栏下方可以看到一些关于快速新建文件的选项。但现在还看不到任何进行图像创作和编辑的具体工具，感觉像是走进了一间布置整洁的工作室，所有的工具都被收起来了，工作桌上一张白纸也没有。所以为了更全面地了解 Illustrator，我们需要新建一个文件，因为新建文件时 Illustrator 也会同时"摆出"常用工具和操作面板。"新建文件"的操作就像是在空白的工作台上铺上一张崭新的"画纸"，同时也摆出创作时常用的工具。

"新建文档"的具体的操作方式如下：单击"菜单栏"中的"文件"，然后在"文件"的下拉菜单中点选"新建"，这时会弹出一个窗口，如图 2-2。

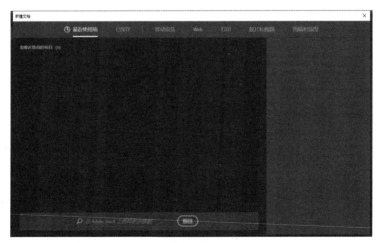

图 2-2

窗口中默认开启的是"最近使用项"，所以第一次使用 Illustrator 时这里是空白的。我们选择"移动设备"，这时会看到 Illustrator2020 版默认的空白文档预设是基于 iPhone X 的，如图 2-3。

图 2-3

为了快速入门，我们先忽略右侧的预设信息，直接点击窗口右下角的"创建"按钮，这样就完成了新建文件的操作。

2.1.2　Illustrator 的界面介绍

新建文件之后我们也就看到了 Illustrator 的"全貌"，软件界面一下子多了很多图标、面板和参数，现在就先来认识一下它们吧。

（1）菜单栏

菜单栏在上一个小节的"新建文档"的操作中已经接触过了，如图 2-4。

图 2-4

菜单栏上放置着这些看似毫无逻辑关系的词组，每个词组都是一个"菜单"，下面都折叠着更多的内容，现在可以试着用鼠标左键把每个菜单都点开看一看。初学者菜单里有这么多内容肯定有点头昏眼花，不过没关系，我们暂时只需要知道菜单栏里面折叠着很多内容就可以了。这么多内容被折叠放进菜单栏中就是因为大部分菜单栏中的功能并没有那么常用，在后面的案例学习中会向各位读者介绍菜单栏中相对常用和有趣的功能，相信读者朋友们在案例学习过程中调用菜单栏中的功能就会逐渐理解各种功能被整合进各个菜单的逻辑，从而达到举一反三、触类旁通的效果。

（2）工具面板

顾名思义，工具面板就是我们在 Illustrator 中绘制各种图形时所需的各种工具集中摆放的地方，如图 2-5。

这应该也是大部分使用该软件的人最常用的一个部分，也是我们在 Illustrator 中创作图形时一开始就要用到的。因为开始创作的第一步如果是"铺好纸（新建文件）"，那么第二部当然就是"拿起笔"了。工具栏中的每一个图标都对应着一种工具，把鼠标移动到图标上放一会儿，就会出现该工具的名称。另外有一部分图标的右下方有一个小小的三角形，这就表示该工具里面还折叠着更多的相关工具，用鼠标左键长按该图标就可以展开查看被折叠进内部的工具了。例如长按矩形工具就会看到更多其他的绘制基础几何图形的工具了，如图 2-6。

（3）面板

Illustrator 的工具面板默认情况下放在屏幕的左侧，而右侧摆放着一些其他的"面板"。默认情况下摆出来的是属性面板、图层面板和库面板。工具面板中的功能基本上都是帮助我们在工作区域内"画"出各种图形和其他元素的，而其他的面板中的功能大多是帮助我们控制和编辑工作区和已有图形的，例如要改变一个图形的颜色，我们就可以在属性面板中完成这项操作，具体的操作方法我们会在后面的章节中进行介绍。除了默认情况下已经打开的面板以外，Illustrator 中还有很多面板。这些面板都可以在菜单栏中的"窗口"中找到，现在我们来尝试打开色板面板。具体操作为单击菜单栏中的"窗口"，再单击"色板"，这时会看到工作区域内出现了色板面板，如图 2-7。

图 2-5

图 2-6

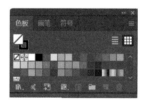

图 2-7

出现在工作区域中央的面板遮挡我们的工作区域，所以需要把它放到一个合适的位置上。现在我们试着将该面板嵌入放置在屏幕的右下方。用鼠标左键按住该面板的上方再将其拖曳至屏幕右下方，在屏幕右下方出现一个蓝色的条状提示时松开鼠标左键就可以了。如果想关闭该面板，再到菜单栏中的"窗口"栏中，再次单击"色板"选项就可以了。

（4）画板

新建文件之后在 Illustrator 的工作区域中央可以看到一个白色的方形区域，这就是"画板"，如图 2-8。

在前文中就提到过 Illustrator 相比 Photoshop 的一大优势就是在一个工作区域内可以同时开启多个画板，而且在 Illustrator 中画板以外的区域同样是可以进行创作的。因此 Illustrator 基本可以满足我们不受空间约束的创作需求。画板的作用主要是限定最终输出文件的尺寸和规格。

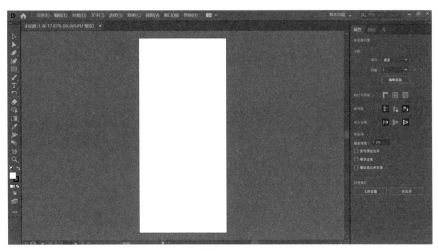

图 2-8

2.2 查看文件（缩放与抓手）

现在已经对 Illustrator 整个工作区域有了基本的了解，相信看到这里很多读者的创作冲动已经按捺不住了，但是在开始学习"画"之前，需要先介绍一下如何"看"。电脑屏幕是一个有限的显示空间，而创作的空间应该是无限的，因此在软件中"查看"这样一个简单的行为也需要"缩放"和"抓手"两项操作配合着完成。

"缩放"功能是为了让我们在创作过程中自由的改变工作区域显示的范围，从而自如地控制画面的整体和局部的效果。操作方式是点选工具栏中的放大镜图标，如图 2-9。

图 2-9

这个就是缩放工具，然后用缩放工具在工作区域的任意位置按住鼠标左键后进行左右拖曳。向左拖曳会缩小画面，看到更整体的区域；向右拖曳则会放大画面，看到更细节的局部区域。

"抓手"功能是为了让我们在创作过程中在工作区域内自由的移动我们的"视界"，从而保证创作过程的连贯性。操作方式的第一步也是点选工具栏中的抓手工具，抓手工具默认情况下是被折叠放置在缩放工具里面的，鼠标左键长按缩放工具就可以点选抓手工具了。选中抓手工具后，在工作区域内的任意位置按住鼠标左键自由地拖曳就可以平移我们的"视界"了。

"缩放"和"抓手"作为创作过程中帮助我们观察画面的工具，是使用频率最高的工具之一，所以需要更快捷的操作。按住键盘的"Alt"键的同时，滚动鼠标滚轮就可以快捷地实现缩放了；按住键盘的"空格"键的同时，按住鼠标左键拖曳就可以快捷地实现抓手功能了。

2.3 绘制简单图形

考虑到很多读者也许是第一次接触 Illustrator 这款软件，所以在进入正式的案例学习之前，先通过一个非常简单的图形绘制案例向大家介绍一下 Illustrator 的绘图原理。我们要制作的案例如图 2-10 所示，这是一幅非常简单甚至有些幼稚的画。

这个案例的画板尺寸是 iPhoneX 的尺寸，所以新建文件时选择"移动设备"，再选择"iPhoneX"就可以了。这个案例中有房子、树木、草地、蓝天和白云，接着再仔细观察一下的话不难发现画中的每个元素都是由基本的几何形状组成的，接下来就一步步地绘制这个简单的案例吧。

首先从画面中心的主角——"房子"开始。房子由两个矩形和一个三角形组成，我们首先用矩形工具画出房子的墙面。用鼠标左键在屏幕左侧的工具栏中点选矩形工具，然后在画板中间按住鼠标左键进行拖曳，画一个大小合适的矩形，如图 2-11 所示。

图 2-10   图 2-11

图中出现的矩形是一个边框为蓝色的奇怪矩形，四个角和每个边的中间还有一个小方块，四个角的内侧还有四个小圆圈，这是 Illustrator 中的对象被选中的状态。如果想看看我们刚刚画的矩形到底是什么样子的话可以在工具栏中点选排在第一位的选择工具，之后在工作区域的空白处单击鼠标左键就可以了，可以看到我们画了一个内部是白色、边框是黑色的矩形，如图 2-12 所示。

图 2-12

默认情况下 Illustrator 对于绘制图形的工具的外观设置就是白色的填充色以及黑色的描边色，因此在不作任何调整的情况下用矩形工具画出一个矩形就会如此。而我们要绘制的案例中的这个矩形应该是一个内部为淡黄色，而且没有描边的矩形。要对它的外观进行修改那就要先选中它，我们用"选择"工具点选该矩形。这时值得注意的是屏幕右侧的"属性"面板的变化，它会从图 2-13 的样子变化成图 2-14 的样子。

　　属性面板中的内容在我们没有选择任何对象的情况下显示的是关于文档设置的一些信息；而当我们选中矩形时，它就会显示出有关矩形的各种信息了。这时在"外观"这一栏中可以看到"填色"以及"描边"的内容。我们首先设置"填色"，用鼠标左键单击填色左侧的图标 ，就会弹出填色面板，如图 2-15 所示。

　　该面板下方彩虹一样的长条是色谱，我们可以直接在色谱合适的位置上点选一个颜色。这时会发现我们之前绘制的矩形内部已经出现相应的颜色了，同时填色面板上的 R\G\B 三个轴上也出现了数据，如图 2-16 所示。

图 2-13

图 2-14

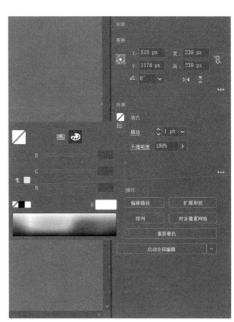
图 2-15

图 2-16

　　这时如果想对填色的色值进行精确的设置就要在 R\G\B 三个轴上输入精确的数值了。案例中的淡黄色的 RGB 色值为 R:255\G:244\B:143，如图 2-17 所示。

　　填色设置好之后接着来设置描边，操作方法与填色设置一样，点选"描边"左侧的图标 ，之后弹出描边颜色面板，如图 2-18 所示。

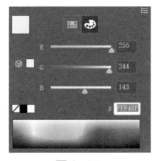
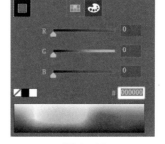

图 2-17　　　　　　　　　　图 2-18

该案例中的所有形状都是没有描边样式的，也就是"无描边"。设置"无描边"样式的方法就是点选描边外观面板左下方，画有红色斜杠的图标▧，这个图标代表的就是"无"。完成填色与描边的设置之后，再用选择工具在空白处点一下，我们就可以看到外观合适的矩形了，如图 2-19 所示。

图 2-19

接下来我们用相同的方法绘制一个较小的矩形作为案例中的"房门"。画好一个相对房子的"墙面"较小一些矩形之后对其填色进行设置，同样先单击"填色"左侧的图标以弹出填色面板。这次换一种设置方式，单击填色面板中的"色板"图标▧，由颜色混合器面板切换至色板，之后在色板中直接点选一个适合的颜色，如图 2-20 所示。

这样一来案例中的"门"也画好了，如图 2-21 所示。

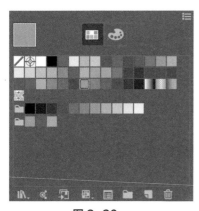
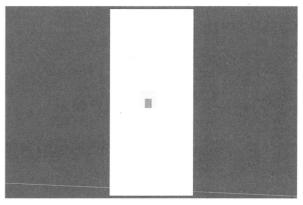

图 2-20　　　　　　　　　　图 2-21

下面就该画红色的房顶了，房顶是一个等腰三角形，因此我们用"多边形"工具来绘制。"多边形"工具藏在"矩形"工具的里面，我们长按矩形工具，展开隐藏工具后点选多边形工具，之后在画板空白处单击鼠标左键。这时会弹出多边形面板，在面板中的半径参数一栏输入150，边数一栏中输入3，如图2-22所示，然后点击"确定"。

图 2-22

这样我们的画板上就出现了一个正三角形，我们用同样的方法将其描边设为"无"，填色设为红色。这时"房顶"和"墙"的位置关系还存在问题，需要我们调整。我们用选择工具选中"房顶"将其拖曳到恰当的位置上，再按住选中状态下出现的控制点 ▲ 把正三角形压缩成长宽适合的等腰三角形。如果觉得"墙"和"门"的比例看上去不够和谐，同样可以用选择工具选中它们进行调整。在用选择工具调整几个元素的位置、大小、比例的过程中会发现 Illustrator 会帮我们智能地捕捉到一些特殊的节点，例如画板中其他对象的中点、边缘等，这就是 Illustrator 的"智能参考线"，在默认情况下该功能是启用的状态，如果觉得这种"智能参考线"影响到我们的操作了，可以在"菜单栏"中的"视图"一栏里找到"智能参考线"，单击一下"取消勾选"就禁用该功能了。

相信经过一番调整之后各位读者已经画出了心中完美的房子。在继续绘制画面中的"配角"小树之前，我们先把"房子"进行"编组"以便管理。操作方式是用选择工具对房子的所有元素进行"框选"之后单击鼠标右键，然后点选"编组"。编组后只要用选择工具在房子的任意位置上单击都会选中整个"房子"了。

现在还是画"树"，我们先不管树的具体位置，等整棵树画好之后再来安排。可以看到案例中的"树冠"由三个尺寸递减的三角形组成，我们就用绘制房顶时的多边形工具如法炮制得到如图2-23所示。

之后就是绘制树干部分了，树干实际上是一个十分细长的矩形，为了方便操作，我们先用"alt+鼠标滚轮""空格+鼠标左键"两项快捷操作把自己的视图放大至"树"的局部，再用矩形工具绘制"树干"，并用选择工具将"树冠"与"树干"放置在中心对齐的位置上，如图2-24。

图 2-23

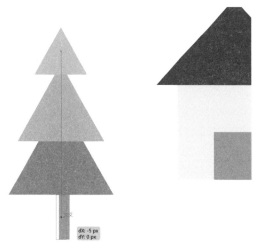

图 2-24

我们的"树"就这样画好了，之后一样需要对其进行编组，这次教大家一个编组的快捷键——用选择工具框选整个"树"之后按下"ctrl+G"，就完成了编组的操作。接下来就可以将这棵"树"放到"房子"的旁边了，可是在把"树"拖曳至"房子"旁边后会发现，"树"挡在了"房子"的前面，如图2-25所示。

Illustrator是一款矢量绘图软件，所以软件中的每一个对象都是由一段路径构成的，它们都是一个个独立的对象，因此一个文件中的各个对象就存在叠放次序的属性，现在的情况就是"树"叠放在了"房子"的前面，要改变它们之间的叠放关系就要选中"树"之后单击右键，再单击"排列"，之后选择"置于底层"。这样一来"树"就到"房子"的后面去了，如图2-26所示。

图2-25

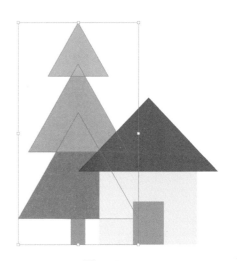

图2-26

画面中的另外一些"配角"就是空中的白云了。在白色的纸上画白云虽然说在Illustrator中技术上是可以做到的，但是这样操作显然有些"反人类"了，因此我们先画好"蓝天"和"草地"。这一步就十分简单了，只需要用矩形工具画上两个充满整个画板的矩形就可以了。只是刚画的"蓝天"和"草地"会遮挡住我们之前画好的"房子"和"树"，这时我们只要用选择工具选中"蓝天""草地"，再单击右键，选择"排列"，再选择"置于底层"就可以了。做到这里应该不难发现在Illustrator中改变各个元素之间的前后排列关系是一项十分常用的操作，因此为了提高工作效率需要我们记住它的快捷键，置于底层与置于顶层的快捷键分别为"ctrl+shift+["与"ctrl+shift+]"。

这样案例中的"背景"就绘制完成了，由于这个"背景"是铺满整个画板的，所以在后续的绘制和编辑过程中会经常被我们不经意间选中，然后产生一些误操作。因此要先将这两个属于背景的元素"锁定"。操作方式是先选中"蓝天"和"草地"，在菜单栏中点选"对象"，然后点选"锁定"，再点选"所选对象"，这样就完成了锁定操作。如果想对其解除锁定，就操作：菜单栏→对象→全部解锁。锁定与解锁也是Illustrator中特别常用的操作，因此也需要记住他们的快捷键。锁定所选对象的快捷键是"ctrl+2"，全部解锁的快捷键是"ctrl+shift+2"。

那么现在就可以开始绘制白云了。白云的形状看起来相对复杂一些，但是仔细观察的话不难发现它也是由若干个基本的几何形组合而成的，如图2-27。

形态看似"有机"的白云其实只是两个正圆形和一个"跑道形"组成的。绘制正圆形的方法有两种，一种是点选"椭圆工具"后在工作区域内单击鼠标左键，然后在椭圆对话框中的宽度与高度两栏中输入同样的数值，如图2-28。

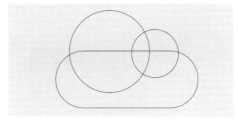

图 2-27   图 2-28

或者点选"椭圆工具"后，按住"shift"键的同时在工作区域内按住鼠标左键拖曳。这里值得展开讲讲，在 Illustrator 中不同情况下，按住"shift"会有各种各样的作用。例如使用矩形或椭圆工具时，它的作用是锁定长宽比，保证画出的图形是正方或正圆；在缩放某个对象时，它的作用也是锁定该对象的长宽比，确保其不变形；在旋转某个对象时，它会将旋转角度锁定在45°、90°等关键的角度上；在移动某个对象时，它会将移动锁定在水平或垂直的方向上。

画好一大一小两个正圆形之后，就要来画这个"跑道形"了。我们先画一个长宽比例与该"跑道形"一致的矩形，然后用选择工具按住该矩形任意一个角内侧的小圆圈图标，再向矩形的中心慢慢拖曳，这时会发现矩形的四个角变成了圆角，而且圆角在逐渐增大，最后拖曳至最大圆角，就得到我们想要的"跑道形"了，如图2-29。

之后我们把这三个图形进行编组，再把它的填色设置为白色，再把描边设置为"无"就完成了白云的绘制了，如图2-30。

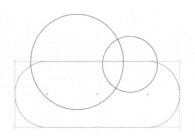

图 2-29

图 2-30

案例中一共有大小不一的三片"白云"，可以通过复制、移动、缩放等操作来快速地制作另外两片"白云"。复制也有两种操作方法：第一种和所有电脑上的复制和粘贴的快捷键一样——"ctrl+C""ctrl+V"；第二种就是用选择工具选中想要复制的对象之后，按住"alt"键，再用鼠标左键按住该对象，并将其拖曳至想要粘贴的位置上。如此一来我们就完成了该案例中的大部分内容，如图2-31。

图2-31

现在就只剩"草地"这一个画面细节等着我们去完成了。草地细节是由许多个小小的三角形排列而成的，因此我们首先绘制好"一棵草"，再进行复制和排列就可以完成这一效果了。首先用多边形工具绘制一个正三角形，再用选择工具将其压缩成比较细长的等腰三角形，一棵小草就画好了，如图2-32。

图2-32

接下来就要用一棵小草复制出一个"草坪"了。按住"alt"键的同时，用选择工具进行拖曳的方式来复制，向右拖曳复制出另外一棵草之后，直接按"再次变换"的快捷键"ctrl+D"，就会发现又复制出一棵草，接着重复按下"ctrl+D"我们就可以得到一整排的小草了，如图2-33。

图2-33

但是现在的问题是小草排列得太过紧密了，案例中 10 ～ 11 棵草就填满了整个画板的宽度。这时需要把最右侧的小草向右拖曳至画板的右边缘，如图 2-34。

图 2-34

之后用选择工具框选全部一排的小草，这时屏幕右侧的属性栏中会自动出现对齐面板，如图 2-35。

单击"对齐"面板右下角的"更多选项"图标 ▨，就会出现更多有关对齐的选项，如图 2-36。

图 2-35

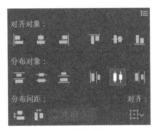

图 2-36

在第二排，分布对象一栏中点选第五个，"水平居中分布"图标，11 棵小草就会以等距的形式分布在画板上了，如图 2-37。

图 2-37

接下来把这一排草框选之后向下复制，再向右移动小草间距一半的距离，之后再把最右侧的小草删掉，如图 2-38。

这之后把第一排和第二排的小草分别编组，然后同时框选两排小草后向下复制，再按下"再次变换"的快捷键"ctrl+D"，我们的草坪就绘制完成了，如图 2-39。

图 2-38

图 2-39

到这里我们就完成了这一个案例的全部绘制工作，该案例虽然简单，但是绘制过程中运用到的软件操作技巧还是比较多的。如果是初次接触 Illustrator，可以试着再重新"默画"一次该案例，检查一下自己是否还记得每一步操作。如果该案例中用到的操作都已经熟练掌握，相信大家在接下来的案例学习中的效率一定会更高。

2.4 存储与导出

（1）存储

当我们完成一幅作品，或者工作进行到一个阶段需要暂停时，就需要妥善地存储我们的文件。存储的操作非常简单，单击菜单栏中的"文件"，再单击"存储"或"存储为"就会弹出存储面板，如图 2-40。

之后选好在电脑中存储的位置，并对文件进行命名，再选择适当的保存类型，点击"保存"就可以了。这里保存类型我们选择默认的 Adobe Illustrator 格式就可以了。保存之后我们就可以关掉软件和电脑去做其他事情了，需要的时候再打开该文件就可以继续对它进行编辑了。

（2）导出与打包

如果我们的创作已经正式完成，需要将我们绘制的内容应用在各种媒介上，例如在手机

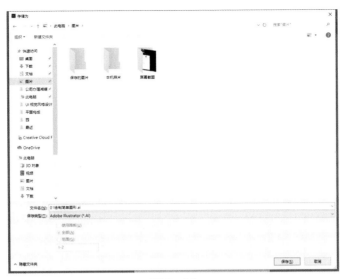

图 2-40

上发给朋友欣赏，或者放在某个网页上，就需要将文件"导出"为特定格式的图片。例如互联网常用的 jpeg、png 等图片格式。操作方法是先单击菜单栏中的"文件"，之后单击"导出"，再单击"导出为"就会弹出导出面板。导出面板和存储面板看起来几乎一样，唯一的不同之处就是"保存类型"一栏中的各种文件格式与存储面板完全不同。我们这里选择最为常用的 jpeg 格式。

导出操作中需要特别强调的一点是"使用画板"选项，如图 2-41。

图 2-41

为了讲清勾选"使用画板"选项与否对导出文件的影响，我们需要先编辑一下我们的案例文件。将案例中的红房子和树选中后复制，再粘贴在文件画板外，如图 2-42。

图 2-42

之后再进行"导出"操作，勾选"使用画板"后，点击"导出"。然后再进行一次"导出"操作，这次取消勾选"使用画板"后，点击"导出"。我们就会得到两个完全不一样的导出结果。如图 2-43。

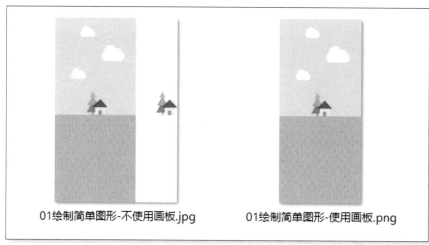

01绘制简单图形-不使用画板.jpg　　　　01绘制简单图形-使用画板.png

图 2-43

　　可以看出"使用画板"导出的就是画板内的内容，而"不使用画板"导出的则是该文件中的所有内容，因此导出文件时我们需要根据需要做出恰当的选择。

　　到目前为止我们已经对 Illustrator 有了最基本的了解，算是完成了"入门"。从后续的章节开始会通过案例制作的形式向各位读者介绍更多的设计知识与软件技巧。

CHAPTER THREE

3

几何化风格设计

首先来看一下几何化风格案例的整体效果，如图3-1。该案例是围绕一个虚拟的现代艺术资讯的 APP 展开的设计，从画面中不难看出，所谓的几何化风格事实上是在大家所熟知的扁平化风格的基础上进一步简化和抽象化后得到的效果。该风格或许会在识别性上有所牺牲，但只要处理手法得当，则可以呈现出新锐的视觉效果。和所有不同设计领域的极简风格一样，该风格的设计手法是将所有元素尽可能地简化成最基本的几何图形，通过最基本的图形构成传递美感。几何化风格背后的理念与现代主义诞生之初所追求的"形式追随功能"略有不同，该风格极简的形式不纯粹为了功能和效率，更多的作用是借助极简的形式表达一种精英化的态度。

几何化风格的另外一个优点是其图形极度简洁，在软件操作方面的工作负担非常轻。因此借助该风格的案例学习软件对初学者来说就再适合不过了。下面就开始介绍整个案例的制作步骤。

图 3-1

3.1　几何化风格图标

首先新建文件，执行"文件"→"新建"操作，弹出"新建"面板。在"新建"面板中选择"移动设备"一栏，选择"iPhone X"，然后点击"创建"，如图3-2。本书后续章节中

图 3-2

的所有案例将全部以 iPhone X 的新建文件模板为基础进行制作。

下面我们就可以正式开始该案例的绘制工作了。

（1）绘制"图像"图标

步骤 1 绘制矩形

在工具栏中单击"矩形工具" 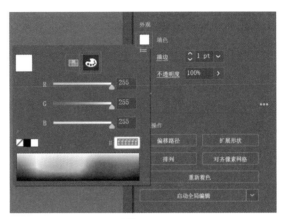，之后在画板任意位置单击鼠标左键，弹出矩形面板如图 3-3。

宽度输入 185，高度输入 160，点击确定。之后对该矩形的外观进行设置，在工作区域右侧的外观面板中点击填色色板按钮，再单击填色面板中的颜色混合器按钮，如图 3-4。

在颜色混合器的 RGB 数值中输入 R:255、G:59、B:66。然后单击描边色板按钮，再点选"无" 。这样我们就得到了一个尺寸与外观都符合要求的矩形了，如图 3-5。

图 3-3   图 3-4

图 3-5

步骤 2　绘制三角形

执行操作：长按"矩形工具"，或用鼠标右键单击"矩形工具"→点选"多边形工具" ◯ 多边形工具 →在画板空白处单击鼠标左键，弹出多边形工具面板→输入半径 70、边数 3，如图 3-6。

这样我们就得到一个正三角形，如图 3-7。

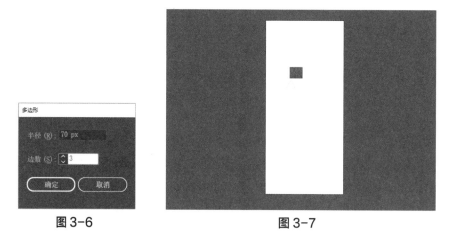

图 3-6　　　　　　　　　　　　　　　图 3-7

步骤 3　复制并缩放三角形

用选择工具选中绘制好的三角形后，按住"alt"键的同时用鼠标左键点住三角形并向右拖曳，复制出一个三角形，如图 3-8。

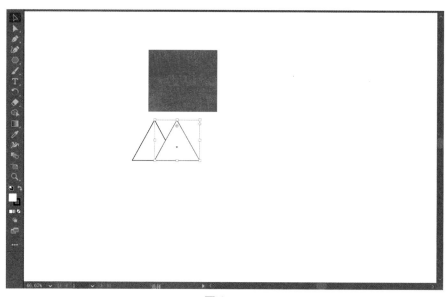

图 3-8

然后按住"shift"键的同时用选择工具按住该三角形右上角的控制点将其缩小，如图 3-9。（tips：按住"shift"键是为了缩放对象时锁定其长宽比）

用选择工具框选两个三角形后将其拖曳至红色矩形内部，并用选择工具将其长宽比缩放到合适的状态，再将其描边设置为"无"，如图 3-10。

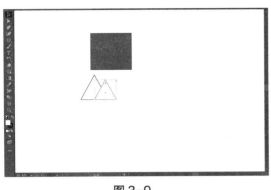

图 3-9

图 3-10

步骤 4   绘制圆形

长按多边形工具将其展开→点选椭圆工具→画板空白处单击鼠标左键,弹出椭圆工具面板→宽度、高度均输入 52,如图 3-11。

用选择工具将该圆形放置在红色矩形内部恰当的位置上,如图 3-12。

图 3-11

图 3-12

到这里我们就完成了第一个图标的绘制工作。为了方便对图形元素的管理与编辑,我们需要对该图标所包含的元素进行编组。

步骤 5   编组

用选择工具框选该图标的所有元素→单击鼠标右键→点选编组。

(2)绘制"主页"图标 🏠

步骤 1   绘制矩形与三角形

运用上一小节中相同的方法绘制出一个三角形和一个矩形。

步骤 2   对齐并编组

虽然有智能参考线的帮助,保险起见还是要执行操作:框选三角形与矩形→在对齐面板中点选"水平居中对齐" ▣,然后对齐进行编组。

（3）绘制"搜索"图标 🔍

步骤 1　绘制圆形

执行操作：点选椭圆工具→单击鼠标左键弹出椭圆工具面板→宽度、高度均输入146。

步骤 2　绘制长方形

执行操作：点选矩形工具→单击鼠标左键弹出矩形工具面板→输入宽度30、高度73。至此我们就绘制好了"搜索"图标所需的图形素材，如图3-13。

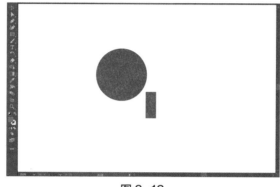

图 3-13

步骤 3　组合与旋转

这一步的操作也许会和大家的直觉相悖，大部分人的直觉反应下一步应该是将长方形旋转45°，再将其放置在恰当的位置上。大家也可以尝试这样做，这时会发现一个问题：无法确定长方形的长轴是否对准了圆形的圆心。

所以建议这样操作：先将长方形放置在圆形的正下方，放置时安排一个适合的间距，如图3-14。

聪明的你应该也猜到下一步如何操作了吧。框选圆形与长方形，保持两个元素同时选中的状态，按住"shift"键，对其进行旋转，再对其进行编组，就完成了该图标的绘制了，如图3-15。

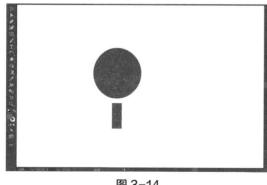

图 3-14

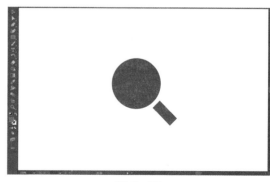

图 3-15

所以在 Illustrator 以及大多数设计软件中进行绘图时，对操作步骤稍作调整就能大大提升效率，还能确保绘制对象的规范与工整。因此工作过程中时刻思考"还有没有更好的方法？"会对我们的工作效率和成长速度都起到至关重要的作用。

（4）绘制"设置"图标 ⠿

该图标的图形结构极其简单，相信大家运用前面学到的方法可以轻易地将其绘制出来，但是大家可以在这一小节中思考一下，绘制该图标最高效的方法是什么呢？

（5）绘制"文件"图标 📄

步骤 1　绘制矩形

用矩形工具绘制一个宽度 149px、高度 187px 的矩形。

步骤 2　绘制直角三角形

直角三角形，我们不用多边形工具，而是用矩形工具来绘制。首先用矩形工具绘制一个宽度为 59px、高度为 64px 的矩形。然后用"直接选择工具" ▶ 选中矩形右上角的控制点，这时矩形右上角的控制点会变为实心点，也就是被选中的状态，如图 3-16。

然后用直接选择工具按住该控制点，将其拖曳至矩形的中点，如图 3-17。

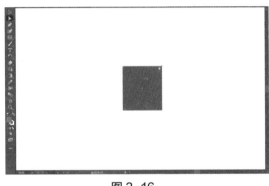

图 3-16

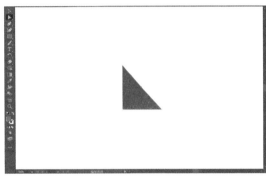

图 3-17

在这个步骤中我们可以更清楚地了解到 Illustrator 的绘图原理，每个图形元素的轮廓都是由若干个控制点的位置关系决定的，而直接选择工具就是用来选择和移动控制点的，因此是一个非常重要且常用的工具。

步骤 3　用路径查找器改变矩形轮廓

我们需要将矩形的右上角挖掉一块，再将直角三角形与其组合才能完成该图标的绘制，如图 3-18。

图 3-18

"挖掉右上角"需要两个步骤，先要制作"挖掉右上角"所需的素材，才可以执行这项操作。直角三角形的尺寸是宽度 59px、高度 64px，我们希望直角三角形与矩形之间的间隙为 12px，因此在直角三角形的尺寸基础上长宽各增加 12px 的矩形，就是我们需要的"挖掉右上角"的素材了,如图 3-19。

用选择工具框选这两个矩形,执行"垂直顶对齐"██和"水平右对齐"██。然后在对齐面板下方的"路径查找器面板"中点击第二个图标——"减去顶层"图标██,大矩形的右上角就被小矩形挖掉了,如图 3-20。

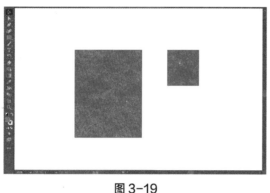

图 3-19　　　　　　　　　　　　　　　图 3-20

步骤 4　组合图形

用选择工具框选两个图形后在对齐面板中单击"垂直顶对齐"██和"水平右对齐"██,再对其进行编组,该图标就绘制完成了。

(6)绘制"用户"图标 👤

步骤 1　绘制圆形

用椭圆工具绘制一个直径为 107px 的正圆。

步骤 2　绘制半圆形

用椭圆工具绘制一个直径为 166px 的正圆。再用矩形工具绘制一个长度与高度均大于 166px 的矩形,如图 3-21。

将矩形顶端中点对齐大圆形的圆心,如图 3-22。

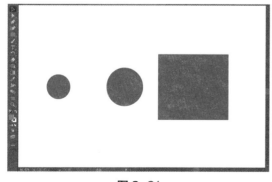 

图 3-21　　　　　　　　　　　　　　　图 3-22

框选该矩形与圆心,在路径查找器面板中点选"减去顶层"按钮,半圆形就画好了。

步骤 3　组合图形

将正圆与半圆进行水平居中对齐，并让其有一小部分重叠，如图 3-23。

图 3-23

步骤 4　用路径查找器改变半圆形轮廓

"用户"图标中的正圆与半圆之间需要留出一定的间隙，该间隙的宽度需要与前面画好的"文件"图标中矩形与直角三角形之间的间隙一致，这样才能让整套图标的视觉更加规范和统一，因此间隙需要设置为 12px。

再用椭圆工具绘制一个直径为 131px 的正圆，并将其圆心与已有的正圆形圆心对齐，如图 3-24。

然后按住"shift"键的同时用选择工具点选外圈的大圆与半圆两个图形元素（注意不要将内部的小圆也选中），执行路径查找器中的"减去顶层"操作，再进行编组，"用户"图标就绘制完成了，如图 3-25。

图 3-24

图 3-25

（7）绘制"广播"图标

该图标由正圆、半圆、等腰直角三角形组成，活用前文中学到的方法就可以完成绘制，值得思考的是：要保证小圆点对齐半圆形的中心，怎样的绘制步骤效率更高呢？

步骤 1　绘制小圆点

执行操作：椭圆工具→绘制直径为 42px 的正圆。

步骤 2　绘制半圆形

执行操作：绘制直径为 188px 的正圆→绘制长宽大于 188px 的矩形→矩形底部中点对齐圆心→执行路径查找器"减去顶层"。

步骤 3　绘制等腰直角三角形

执行操作：绘制长宽均为 72px 的正方形→直接选择工具→将右上角控制点拖曳至正方形中心。这样该图标所需的图形元素就都准备好了，如图 3-26。

步骤 4　组合图形

执行操作：让圆点位于半圆上方，留出合适的间距→执行水平居中对齐→框选圆点与半圆→按住"shift"键，顺时针旋转 45°→按住"shift"键，三角形旋转 225°→调整三个图形元素位置关系并编组，如图 3-27。

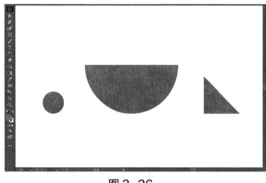
图 3-26

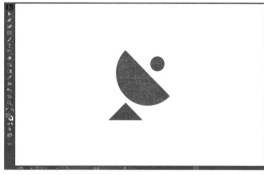
图 3-27

（8）绘制"喜欢"图标 ♥

该图标与之前的几个略有不同，它是一个复合的图形，但也不难发现事实上它是由两个圆形和一个正方形组合而成的，如图 3-28。

图 3-28

步骤 1　绘制方形与圆形

绘制一个边长为 106px 的正方形和两个直径为 106px 的正圆。

步骤 2　组合图形

将正方形与两个正圆如图 3-29 的形式对齐放置在一起，再框选整体并旋转 45°。

步骤 3　融合图形

框选两个圆形和正方形，执行操作：路径查找器→联集▇，就会得到"喜欢"图标的轮廓路径了，随后只要保存该图标被选中的状态，用"吸管工具" 吸取之前画好的图标的外观样式就完成绘制了，如图 3-30。

图 3-29   图 3-30

（9）图标整体排版

步骤 1   基础排列与对齐

先将所有图标以两列四行的形式大致排列，再分别框选各行、各列执行"垂直居中对齐"和"水平居中对齐"，如图 3-31。

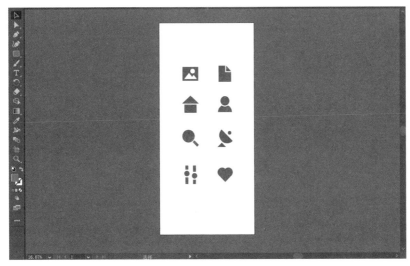

图 3-31

步骤 2   检视图标大小一致性

图标大小的统一是一个界面视觉品质的重要基础。设计上追求的大小统一不是死板的尺寸一致，而是视觉感受上的统一大小。仔细观察图 3-31 会发现，"用户"图标比其他图标略小了一些，应该将其略微放大。用选择工具选择该图标后，在属性面板中单击"锁定长宽比"的图标， ↓→↓ 。然后将宽度增大到 174px。另外一个明显的问题是"放大镜"的位置在视觉上略微有些偏左了。各位读者可以试着对每个图标进行细微的缩放和位移，来提升视觉上的工整度和一致性，如图 3-32。

图 3-32

3.2　几何化风格插画

几何化风格是将物体适度的抽象化，具有很好的装饰性，也可以很好地融入现代都市的生活环境。这个案例中的插画是在毕加索的绘画作品基础上进一步概括和简化而来的，如图 3-33。

这个插画案例乍一看好像比之前的案例要复杂许多，但是不要怕，我们仔细观察一下，就会发现它的各个部分都是由比较简单的几何图形组合而成的，如图 3-34。

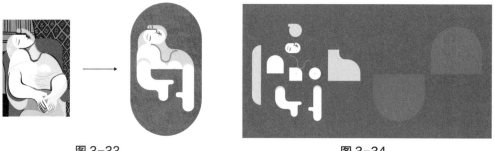

图 3-33　　　　　　　　　　　　　　　　图 3-34

从这里可以看出，在 Illustrator 中画画和在真的纸上画画有较大的不同，Illustrator 中的绘图思路更接近"剪纸拼贴画"，是将一个完整图画拆解成一个个的图形元素，再以一个恰当的叠放次序和位置关系把它们组合在一起的思路。

（1）绘制背景

首先新建一个画板，单击"画板工具" ，在属性面板中单击"新建"按钮 。由于该案例中的许多图形元素填充色为白色，而且没有描边，为了便于查看和编辑，我们先做一个深灰色的底色在画板中。执行操作：矩形→填色为深灰色、描边设置为"无"→保存矩形选中状态→菜单栏→对象→锁定→所选对象。这样背景就制作完成了，如图 3-35。

（2）面部

该案例中的人物面部的组成与绘制过程如图3-36所示。

图 3-35

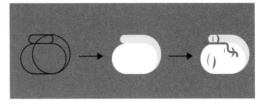

图 3-36

步骤 1　面部基础

在图3-36中可以看出，人物的面部基础由两个圆矩形和一个正圆形组合而成，具体的方法如下。

先用矩形工具画出长宽比例合适的矩形（本书案例中的尺寸为宽66px、高42px），保持该矩形选中的状态，用"直接选择工具"按住矩形四个角内部的小圆圈中的任意一个进行拖曳，如图3-37。

拖曳至极限就得到我们所需的"圆矩形"了，如图3-38。

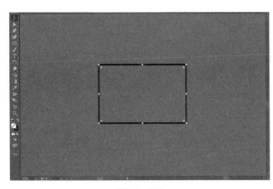

图 3-37

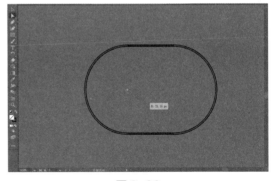

图 3-38

接着再用同样的方式绘制一个比例恰当的圆矩形（宽38px、高12px），再将两个圆矩形上下贴紧放置，如图3-39。

然后绘制一个正圆形，按住"shift"键，用选择工具将正圆缩放调整至上下均分别与两个圆矩形相切，如图3-40。

将几个图形元素的外观中的描边都设置为无，填色相应的设置为白色和粉色（色值：R:255\G:225\B:227），如图3-41。

最后改变一下图形元素之间的前后排列关系，选择白色的圆矩形，单击右键，点击"排列"，点击"置于顶层"，面部基础部分就绘制完成了，如图3-42。

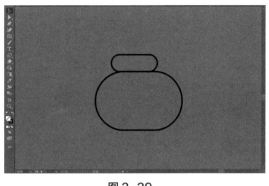

| 图 3-39 | 图 3-40 |

| 图 3-41 | 图 3-42 |

步骤 2　面部五官

选择"钢笔工具" ，并在属性面板里将填色设置为无，描边设置为棕色（色值：R:153\G:87\B:53），如图 3-43。

用钢笔工具单击鼠标左键的方式绘制出如图 3-44 所示的折线，绘制过程中按住"shift"键可以辅助我们确保每个控制点之间的水平或垂直的对齐关系。

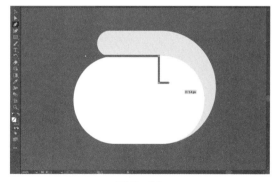

| 图 3-43 | 图 3-44 |

绘制至第四个控制点时，按住"ctrl"键钢笔工具会切换为直接选择工具，这时在任意空白处单击鼠标左键，就完成了这一段折线的绘制。随后松开"ctrl"键，自动变回钢笔工具后，再以同样的方式绘制一段折线，如图 3-45。

同时选中两段折线，单击外观面板中的"描边" ，展开描边面板如图 3-46，将磅数设置为3pt，端点设置为圆头端点，边角设置为圆角连接。

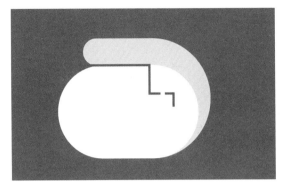

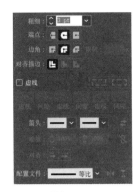

图3-45   图3-46

保持两段折线选中状态，切换到"直接选择工具"，按住控制点转折处的小圆圈，向内侧拖曳，如图3-47、图3-48。

图3-47   图3-48

在画布空白处绘制一个直径为15px的正圆，再绘制一个直径为21px的正圆，并将两个正圆叠放，使小的正圆形露出"月牙形"，如图3-49。

框选两个圆形，执行操作：路径查找器→减去顶层，将绘制好的"月牙形"放置在面部恰当的位置上，再将"鼻子"排列至于顶层，如图3-50。

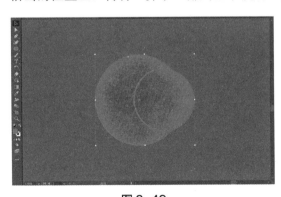

图3-49   图3-50

绘制两个直径为19px的正圆，并叠放，以路径查找器中的"交集"绘制出"鼻孔"如图3-51。然后将其放置在面部恰当的位置上，如图3-52。

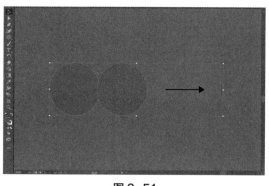
图 3-51

图 3-52

接着运用相同的方式将眼睛和眉毛的元素绘制好，再摆放至恰当的位置后将整个面部图案编组，面部就绘制完成了，如图 3-53。

图 3-53

（3）头发与肩部

步骤 1　绘制头发

绘制一个宽 38px、高 118px 的矩形，色值为 R:255\G:233\B:141。然后用直接选择工具选中左上角的控制点，再按住拐角处的小圆圈向对角方向拖曳至极限，如图 3-54。

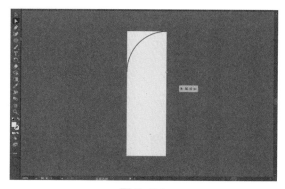
图 3-54

将"头发"图形放置在面部左侧的恰当位置上，如图 3-55。

再将面部排列置于顶层，如图 3-56。

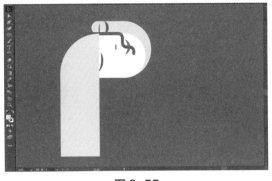

图 3-55

图 3-56

步骤 2 绘制左肩

绘制一个宽 72px、高 76px 的矩形，然后用直接选择工具框选矩形顶部的两个控制点，按住拐角内侧的小圆圈，向下拖曳至极限，如图 3-57。

将该图形放置在"面部图案"下方恰当位置上，如图 3-58。

图 3-57

图 3-58

步骤 3 绘制颈部与右肩

绘制一个宽 47px、高 40px 的矩形，再绘制一个宽 138px、高 59px 的矩形，然后将两个矩形上下边重合、水平左对齐，如图 3-59 所示。

同时选中两个矩形，执行路径查找器→联集操作。用直接选择工具双击拐角处小圆圈，弹出边角面板，在半径一栏输入 27px，如图 3-60。

图 3-59

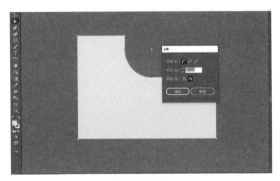

图 3-60

对复合矩形的右上角进行同样的圆角操作，圆角半径设置为57px，"右肩"元素就绘制好了，如图3-61所示。

将"右肩"元素放置在恰当的位置上，然后把"面部"与"左肩"排列置于顶层，如图3-62。

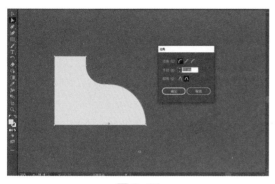

图3-61

图3-62

步骤4　绘制胸部

绘制两个直径为50px的白色正圆放置在人物胸部恰当位置，左边的正圆圆心对齐在左肩的右边缘上，两个正圆水平居中对齐且相切，如图3-63。

再绘制两个直径为6px的粉色正圆分别放置在白色正圆中心，如图3-64。

图3-63

图3-64

（4）前景与背景

步骤1　绘制前景

绘制一个宽度为220px、高度为197px的矩形，矩形上边缘对齐"肩膀"元素下边缘，如图3-65。

用直接选择工具选中矩形下边缘的两个控制点内侧的圆圈，向上拖曳至极限，"前景"就绘制好了，如图3-66。

步骤2　绘制背景

选中"前景"元素，执行操作：单击右键→变换→镜像，在镜像面板中选择"水平"镜像轴，然后点击"复制"按钮，如图3-67。

图 3-65

图 3-66

图 3-67

将水平镜像复制出的图形向上拖曳至其下边缘与"前景"上边缘重合，再将其置于底层，这时会发现，镜像复制出的"背景"元素不见了，如图 3-68。

这是由于我们一开始在画板内制作了一个深灰色的背景，而且将其锁定了。这时我们只要框选所有已画好的元素之后，进行"置于顶层"操作就可以了，如图 3-69。

图 3-68

图 3-69

（5）手臂

步骤 1　绘制左臂

绘制 4 个大小不一、长宽比例恰当的矩形，并对其摆放，如图 3-70。

框选四个矩形执行路径查找器→联集操作。然后用直接选择工具拖曳拐角处小圆圈的方式调节出大小合适的弧线，如图 3-71。

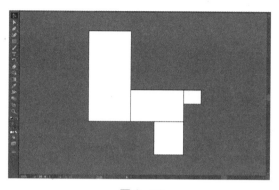

图 3-70

图 3-71

绘制一个宽度与大臂宽度一致的黄色正方形，并用直接选择工具将其上边缘调节为半圆形，如图 3-72。

再把"手臂"元素排列置于顶层，并将其与黄色的肩部装饰图形编组。然后将其与人物左肩水平左对齐放置在恰当位置上，如图 3-73。

图 3-72

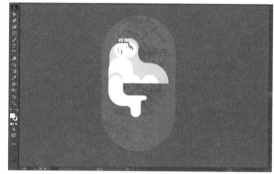

图 3-73

步骤 2　绘制右臂

以与上一步完全相同的步骤和方法绘制右臂，如图 3-74。

将右臂摆放在右肩下方恰当的位置上，如图 3-75。

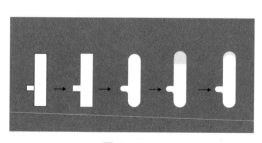

图 3-74

图 3-75

（6）项链

步骤 **1** 绘制曲线

  框选已画好的所有元素并执行锁定所选对象操作（快捷键"ctrl+2"）。运用钢笔工具，按住"shift"键的同时，单击左键的方式做出如图 3-76 的折线。

  用直接选择工具拖曳拐角处小圆圈的方式，将折线转化为形状恰当的曲线，曲线初段需与"左肩"弧线贴合，如图 3-77。

图 3-76   图 3-77

步骤 **2** 新建画笔

  执行操作：菜单栏→窗口→画笔，展开"画笔"面板，如图 3-78。

  在空白处绘制一个直径为 4.5px 的正圆，色值为 R:255\G:119\B:121，如图 3-79。

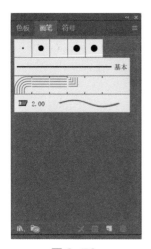

图 3-78   图 3-79

  用选择工具将该正圆形拖曳至画笔面板中，弹出"新建画笔"对话框，如图 3-80。

  点击"确定"，弹出新建画笔选项面板，再次点击"确定"，如图 3-81。

  这时"画笔"面板中会多出一个桃红色的圆点，这就是我们刚刚新建的"散点画笔"。选中上一步中画好的曲线，再在画笔面板中点选我们的桃红色圆点画笔，项链就画好了，如图 3-82。

图 3-80

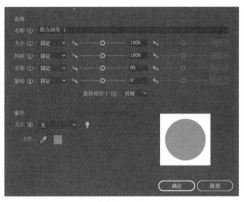

图 3-81

执行操作：菜单栏→对象→全部解锁，然后删除深灰色的背景。将整个插画图形编组，然后在属性面板中锁定其长宽比，并将其尺寸放大至 760px 宽。这时会发现插画的一些细节出了问题：面部的鼻子线条和项链都变得很细，如图 3-83。

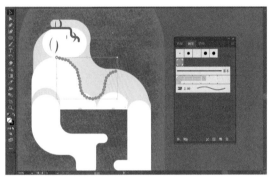

图 3-82

图 3-83

这是因为整体插画图案放大了，但是鼻子线条的外观属性依然是 3pt 的描边，项链的"珠子"大小也依然是我们创建散点画笔时的 4.5px 直径。因此我们需要进行一项设置，让这些图案元素的外观属性随着整体图形的缩放进行等比的变化。首先"ctrl+Z"，撤销刚刚的放大操作，让插画图案变回原来的尺寸。长按或右击"旋转工具"，点选"比例缩放工具"如图 3-84。

双击比例缩放工具，弹出比例缩放面板，勾选"比例缩放描边和效果"选项，然后点击确定，如图 3-85。

图 3-84

图 3-85

现在我们再将插画放大至 760px 宽，插画图案就完美放大了，如图 3-86。

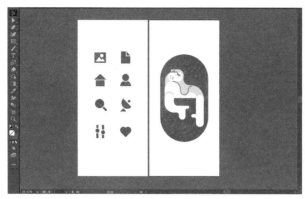

图 3-86

至此我们就完成了整个几何化风格的插画案例的绘制。这种活用矩形、圆矩形、直角折线等元素来构成插画的形式便于制作，而且有很强的装饰性，创作时需要多留意元素之间的比例关系和色彩搭配等问题。各位读者如果有兴趣可以试着用这样的创作形式表现生活中的事物，这会是一种很好的练习。

3.3　几何化风格文字

图 3-87

几何化风格的文字设计同样是目前被经常使用的一种风格，具有很强的装饰性和现代感。我们首先在文件中新建一个画板，用来绘制几何化风格文字案例。

（1）英文缩写标识

英文缩写标识是有 Modern Art Daily 的首字母组成的"MAD"，下面就依次介绍每个字母的绘制步骤。

步骤 1　绘制字母"M"

首先绘制一个边长为 210px 的正方形，然后保持正方形被选中的状态，选择钢笔工具，将钢笔工具放置在正方形右上角的控制点，这时钢笔符号的右下角会出现一个"－"，点下鼠标左键，就会在正方形中去除掉该控制点，将其变为等腰直角三角形，如图3-88。

执行操作：右击→变换→镜像→选择"垂直"轴→点击"复制"按钮，镜像复制出一个等腰直角三角形，如图3-89。

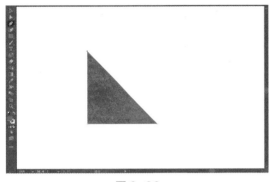

图 3-88

图 3-89

将右边的三角形向右移动至恰当的位置，英文字母"M"就绘制好了，如图3-90。

图 3-90

步骤 2　绘制字母"A"

选用多边形工具 ，在空白处单击鼠标右键，输入半径100px、边数3，然后在保持宽度与高度比例不变的前提下将三角形的高度改为210px，如图3-91。

将三角形的左侧顶点与字母"M"的右下角顶点对齐，如图3-92。

图 3-91

图 3-92

步骤3　绘制字幕"D"

　　绘制一个宽 202px、高 210px 的矩形，然后用直接选择工具将右侧两个控制点的圆角拉至最大值，如图 3-93。

　　接着再将字母"D"的左下角顶点与"A"的右侧顶点对齐，整个英文缩写标识就绘制完成了，如图 3-94。

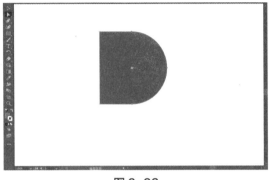

图 3-93　　　　　　　　　　　　　　　　　图 3-94

（2）中文标识

　　中文的文字设计在标志和广告设计中都有着无可替代的重要作用，优秀的文字设计不仅形式上让人赏心悦目，更重要的是它可以传递情绪，在人们的脑海里留下深刻的记忆。

步骤1　设置参考文字

　　在正式开始绘制全新设计的文字之前，我们需要打出最基础、标准的文字作为结构上的参考。选择"文字工具" T，在画板空白处单击鼠标左键然后输入我们所需的内容"现代艺术"，随后在保持文字选中的状态，在"字符"面板中对该段文字进行设置。

　　这里需要介绍一个字体方面的概念是"衬线字体"与"无衬线字体"。衬线字体，意思是在字的笔画开始、结束的地方有额外的装饰，而且笔画的粗细会有所不同，"宋体"就是最典型的中文衬线字体。无衬线字体，顾名思义就是没有这些额外的装饰，而且笔画的粗细差不多的字体，"黑体"就是最典型的中文无衬线字体。衬线字体的优点是容易识别，它强调了每个字母笔画的开始和结束，因此易读性比较高，而无衬线字体则比较醒目。另外衬线字体大多给人"经典""人文"一类偏向传统的感觉，而无衬线体更多的是"简洁""力量"等偏向现代的感觉。

　　这个案例中的文字为了吻合几何化风格的特点，均采用了无衬线字体。因此在绘制之前设置参考文字时也应该选用无衬线字体，我们这里选择的字体是思源黑体（heavy），字号设置为 114pt、字距设置为 40，如图 3-95。

图 3-95

由于该文字仅用于参考，为了不干扰后续的操作，我们将其锁定。选中文字后按快捷键"ctrl+2"。

步骤 2　绘制基础笔画

用直线段工具绘制一条描边粗细为 20pt 的线段，并参照基础字体的笔画位置将其摆放，如图 3-96。

图 3-96

按住"alt"键的同时用选择工具移动直线段复制出"ｹ"所需的另外两横，接着再用直线段工具画出竖线，如图 3-97。

"冂"和"乚"则可以选用钢笔工具单击左键的方式来完成绘制，如图 3-98。

图 3-97

图 3-98

该案例中的"撇"被变化为一个菱形的方块，我们依然可以用直线段工具绘制。选用直线段工具，在空白处单击鼠标左键，然后在长度一栏中输入 20px，就绘制出一个外形和正方形一样的短短的线段，然后再按住"shift"键，将其旋转 45°就可以了，如图 3-99。

图 3-99

步骤 3　调整笔画

在前面的步骤中我们已经"制备"好了"现"字所需的所有笔画,这一步我们只需要活用选择工具和对齐操作,根据自己的设计思想将每个笔画的空间关系进行调整就可以了。相信各位读者可以轻松地调整出与书中案例完全一样的状态。这个步骤在软件操作技术上并没有太大的挑战,而在实际的文字设计工作中这个步骤其实是最考验设计师基础能力的一步。这个调节过程需要设计师掌握一些文字结构的相关知识,还需要对处理图案正负空间的关系有一定的经验,这些知识和经验也都只能通过在实践中不断学习。

也许在绘制基础笔画的过程中有些读者会问,为什么要用直线段来绘制,而不用矩形工具。在调节笔画的过程中就会发现以直线段来绘制基础笔画的优势:调节笔画或整个偏旁的比例时,笔画的粗细不会改变。但如果用矩形工具作为基础笔画元素的话就没这么方便了,如图 3-100,在将"王"整体拉高的操作中会同时加粗横线的粗细。

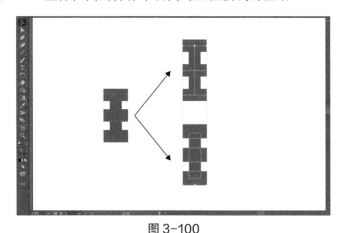

图 3-100

步骤 4　调整细节

按照前面几步的方法将"现代艺术"四个字的基础笔画都绘制好,如图 3-101。

图 3-101

这时带有一定个性的文字的大体感觉已经呈现出来了,为了进一步提升视觉品质,我们需要做一些更细节的优化设计。仔细观察四个字会发现一些问题,首先"艺"字的感觉有一点点不平衡,总感觉会向左侧栽倒一样;其次每个菱形的"点"虽然也都是由 20pt 的直线段构成的，但视觉上会感觉比其他线条粗壮。也许各位读者有更好的视觉感知力，能发现更多字体细节上的问题，而这些问题可能没办法在所有笔画都一样粗的前提下解决，因此到这一步就必须将"描边"转化为"填色"了。框选四个文字的所有元素后执行操作：对象→扩展→单击确定。这样之前的"直线段"就变成了长长短短的矩形组合图形了，如图 3-102。

接下来就可以根据需要对每个笔画的粗细进行调整了。为了解决前面提到的问题，我们稍微缩小每个菱形，并适当加粗"艺"字中间的斜线笔画。加粗的具体方法是用直接选择工具选中斜线同侧的两个控制点后，按键盘上的方向键，如图 3-103。

图 3-102

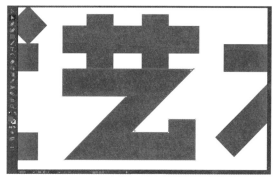
图 3-103

经过一轮调整之后，中文标识的主体部分就完成了。之后只要在后面加上"日报"两个字就可以了。首先绘制一个宽 188px、高 108px 的矩形。再用文字工具在空白处写下"日报"二字，字体设置为"思源黑体（heavy）"，字号为 78pt。接着将文字转化为路径，用选择工具在文字上单击右键，然后点选"创建轮廓"，这时会发现文字的轮廓上出现的蓝色的路径，同时右侧属性面板中的"字符"面板的内容也消失了，如图 3-104。

图 3-104

虽然外观上没有区别，但是"文字"已经从可以通过文字工具进行内容编辑的"文字"转变为只能用控制点去控制其样貌的"路径"了。即便我们不需要对文字的外形做具体的调整也要在完成设计方案前执行此操作，如若不然，我们的 AI 设计文件拿到另外一台没有安装同样字体的电脑上时，这一设计细节就会因字体缺失而损坏。

之后我们只要将文字与矩形叠放好，将文字改为白色，再将"日报"元素与"现代艺术"元素组合就完成全部的中文标识的绘制了，如图 3-105。

（3）英文全称

在安排英文全称之前，我们先把已经绘制好的英文缩写标识与中文标识组合摆放妥当，如图 3-106。

图 3-105

图 3-106

用文字工具在空白处输入"modern art daily"，然后点击"字符"面板右下角的"…"展开更多选项，如图 3-107。

点击"全部大写字幕"按钮TT，将英文全部转化为大写，再将字体改为"Futura（bold）"。Futura 是一款非常著名的无衬线体，大家所熟知的很多品牌的标志都是基于这款字体设计，例如耐克、路易威登等。它的特点是尽可能多的运用方形、圆形、三角形等基本几何体的特征来构成字体，因此运用这款字体来搭配我们的英文缩写以及中文标识，是再合适不过的了。

然后将字号设置为 56pt，字距设置为 80，再将英文全称与其他文字标识元素组合在一起，全部文字设计部分的内容就绘制完成了，如图 3-108。

图 3-107

图 3-108

英文全称绘制这一步，在软件操作上也是十分简单的一步，但在实际设计工作中，字体挑选的过程对于初学设计的人来说还是有一定难度的。因为字体设计这个概念本身对于很多不了解设计的人来说就非常陌生，每一款不同字体的特点更是让人摸不着头脑，尤其是英文字体对于我们中国人来说更加陌生。这就需要大家有意识地去了解一些字体设计的相关知识，例如一些经典字体的由来，以及一些字体的经典应用案例。借助这些内容逐渐地了解到不同的常用字体各自的"气质"后，就可以灵活地运用它们了。

3.4 几何化风格综合设计

启动页与引导页是每个 APP 给用户形成第一印象的重要页面，这类页面一般信息不多，但风格鲜明，因此该类页面尤其适合我们进行风格化设计训练。本章的几何化风格综合页面效果如图 3-109 所示，是一个虚拟的艺术资讯 APP 的引导页。

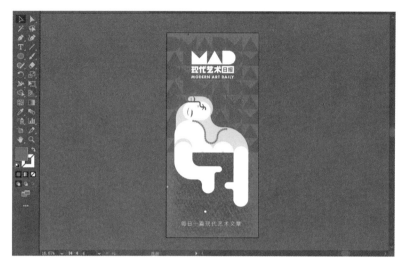

图 3-109

（1）绘制背景

该引导页中的背景图案由英文缩写图标延展设计而来，具体制作的步骤如下。

首先将英文缩写图标横向复制，再将其紧密排列，如图 3-110。

再将两组缩写图标向下复制，然后错位放置，如图 3-111。

图 3-110

图 3-111

将第二排的缩写图标取消编组，再将最左侧的字母"M"移动至最右侧，如图 3-112。

框选两排图案中的所有元素后向下复制，直至填满整个画板，如图 3-113。具体的操作方法为：框选对象→按住"alt"键，用选择工具向下拖曳复制→重复按下快捷键"ctrl+D"（重复上一步操作）。

图 3-112

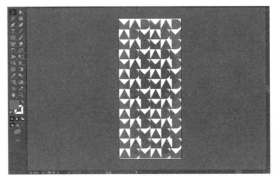

图 3-113

框选图案所有元素后进行编组，再将该图案的颜色设置为 R:221\G:49\B:62，之后再绘制一个与画板等大的红色矩形置于底层，背景部分就绘制完成了，如图 3-114 所示。

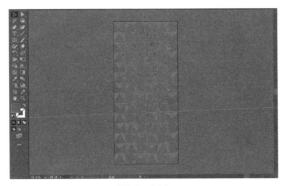

图 3-114

（2）放置插画元素

该引导页的主体部分就是前文中带着大家一起绘制的插画，只要将其稍做修改再置入画板中就可以了。首先将插画中的上半部分背景删除，如图 3-115。

再用直接选择工具选择插画前景下半部分的圆角控制环，如图 3-116。

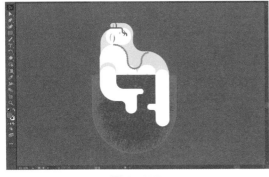

图 3-115

图 3-116

拖曳控制环将圆角去除，如图 3-117 所示。

在保持长宽比不变的前提下把修改后的插图元素的宽度放大至与画板一致，再将其对齐画板下沿放置，如图 3-118。

图 3-117

图 3-118

（3）放置文字元素

将之前制作好的中英文元素整体填色改为白色，然后保持长宽比不变，将其宽度设置为540px，再将其居中放置在画板上方恰当的位置上，如图3-119。

输入文字"每日一篇现代艺术文章"，字体为"思源黑体（ExtraLight）"，字号为63px，字距为180。然后将该段文字放置在画板下方恰当位置上，如图3-120。

图 3-119

图 3-120

绘制3个直径为25px的正圆形，垂直居中对齐，水平居中分布，如图3-121。

将右边两个圆点的填色改为黑色，并将不透明度设置为20%，如图3-122所示。

图 3-121

图 3-122

至此，几何化风格案例的所有步骤就都完成了。

CHAPTER FOUR

4

线性风格设计

Ai

本章将要向大家介绍的案例是线性风格设计，总体效果如图 4-1 所示。该案例是一个虚拟 APP 界面的若干元素，APP 的功能是诗歌内容浏览结合轻社交。

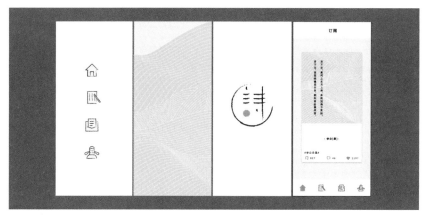

图 4-1

原始人的绘画和幼儿的涂鸦大多是以线条为主，这足以说明线条是人们进行视觉创作最基础也是最灵活的元素。在 UI 设计领域，以线条为核心元素进行创作的各种内容也十分常见，设计师青睐线条元素的原因应该与该元素灵活、便捷的特性有关。

4.1　线性风格图标

（1）绘制"首页"图标

步骤 1　绘制图标轮廓

首先运用多边形工具绘制一个三角形，再将其宽度设置为 179px，高度设置为 84px，填色为"无"，描边色为黑色，描边粗细为 1pt，如图 4-2 所示。

接着再绘制一个宽 124px、高 87px 的矩形，贴近三角形底部并与三角形水平居中对齐放置，如图 4-3 所示。

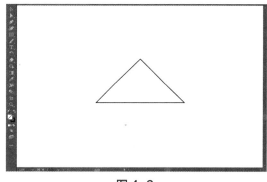

图 4-2　　　　　　　　　　　　　　　　图 4-3

在"房子"旁边空白处绘制一个宽 47px、高 63px 的矩形，如图 4-4。

然后再保持该矩形被选中的状态，选用钢笔工具后，将鼠标挪到矩形底边任意位置时钢笔工具光标右下角出现了一个"+"，这时点下鼠标左键就会在矩形路径该位置上增加一个控制点，如图4-5所示。相反，如果把钢笔工具光标放置在任意一个控制点上的话，光标右下角会出现一个"–"，这时点下鼠标左键就会在路径上去除该控制点。掌握了这一项操作之后会让我们绘制图形的自由度大幅提升，但这还不是钢笔工具最主要的作用，稍后我们再对该工具进行更详细的介绍。

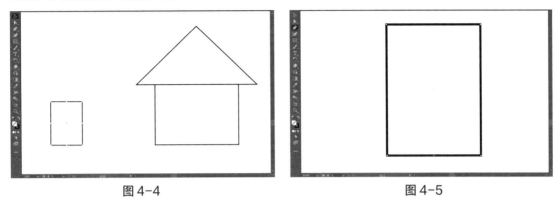

图 4-4   图 4-5

保持刚刚用钢笔工具在底边增加的控制点被选中的状态，按下键盘上的"delete"键，这时矩形的底边就随着控制点被删除的同时一起消失了，如图4-6。

接着将该图形移动至"房子"图形正中，并与矩形进行垂直底对齐，该图标的轮廓就绘制完成了，如图4-7。

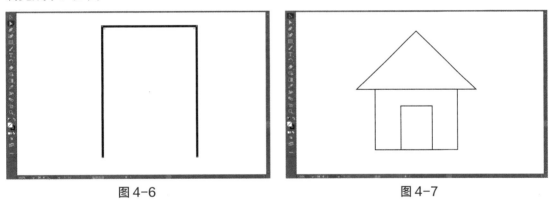

图 4-6   图 4-7

步骤 2   设置图标外观样式

框选该图标所有元素，将填色设置为 R:249\G:245\B:236，如图 4-8。

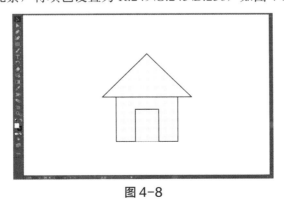

图 4-8

该案例是一个关于诗歌的APP，因此在图标线条上运用了一种接近手绘笔刷的笔触样式来渲染"人文气息"。首先要在菜单栏的"窗口"一栏中点选"画笔"，从而打开"画笔"面板，如图4-9。

框选图标所有元素，在画笔面板中选择最后一个画笔样式，该图标的外观样式就设置完成了，如图4-10所示。为了后续操作的便利，将图标的全部元素框选后进行编组，该图标的绘制工作就全部完成了。

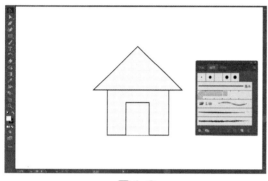

图 4-9

图 4-10

（2）绘制"作诗"图标

步骤 1　绘制图标轮廓

该图标由"纸张""毛笔杆""毛笔头"三部分组成。

首先绘制一个宽131px、高168px的矩形，用直线段工具绘制三条长110px的垂直线，再将三条垂直线进行水平居中分布。然后将三条垂直线放置在矩形中央，"纸张"部分就绘制完成了，如图4-11所示。

绘制一个宽16px、高110px的矩形，再用钢笔工具在矩形顶边添加控制点后删除的方式去除矩形顶边，"笔杆"的部分就绘制完成了，如图4-12所示。

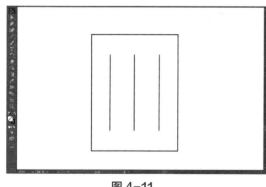

图 4-11

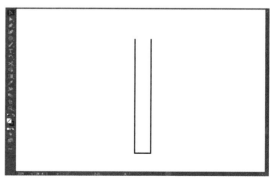

图 4-12

运用多边形工具绘制一个宽35px、高40px的三角形，如图4-13所示。

用直接选择工具框选三角形底边的两个控制点后，拖曳圆角控制环至极限，将三角形变成"水滴形"，这样"毛笔头"部分就绘制完成了，如图4-14所示。

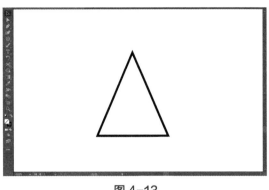

图 4-13

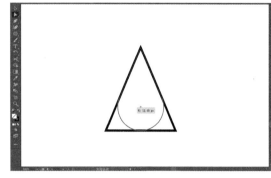

图 4-14

将"毛笔头"与"毛笔杆"组合后编组,如图 4-15 所示。

图 4-15

在"毛笔"元素被选中的状态下双击"旋转工具" <!-- icon -->,弹出旋转面板,在角度一栏中输入 35°后点击确定,如图 4-16 所示。

将"毛笔"与"纸张"组合,该图标的轮廓就绘制完成了,如图 4-17 所示。

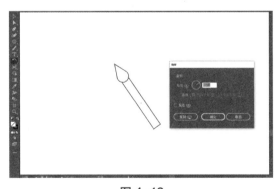

图 4-16

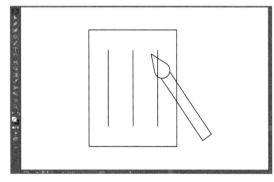

图 4-17

步骤 2　设置图标外观样式

执行与"首页"图标外观样式设置相同的操作,完成该图标的外观样式,如图4-18所示,"作诗"图标就绘制完成了。

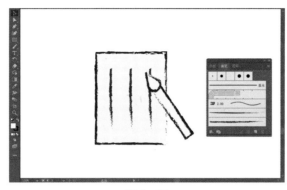

图 4-18

（3）绘制"消息"图标📧

步骤 1 绘制图标轮廓

绘制一个宽 176px、高 135px 的矩形，作为图标的"信封"元素，如图 4-19 所示。

绘制一个宽 109px、高 110px 的矩形后将该矩形底边去除，再将其与之前绘制好的矩形水平居中对齐放置，如图 4-20 所示。

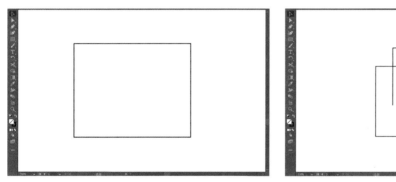

图 4-19

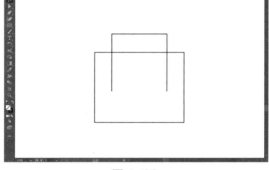

图 4-20

绘制一个宽 137px、高 20px 的倒三角，去除其顶边，作为"信纸"元素，再将其与"信封"元素组合，如图 4-21 所示。

用选择工具双击"信封"元素路径，隔离该路径对象，如图 4-22 所示。

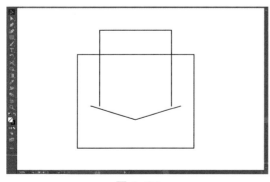

图 4-21

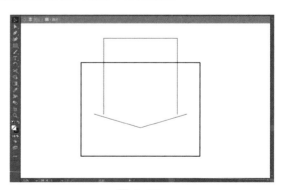

图 4-22

这时我们仅可以编辑该路径，这样就可以规避误操作的风险了。

双击长按"橡皮擦"工具◆将其展开后点选"剪刀"工具✂，在"信封"与"信纸"元素路径相交叉的位置单击鼠标左键，将路径"剪开"，如图4-23所示。

用选择工具选中"信封"顶边被"剪出来"的线段后将其删除，如图4-24所示。

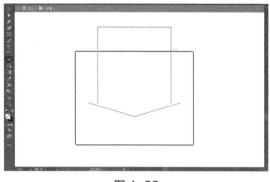

图4-23

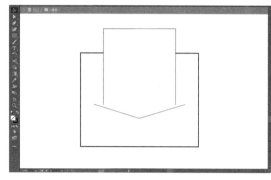

图4-24

以选择工具在空白处双击鼠标左键，退出该对象的隔离状态，如图4-25所示。

绘制三根长度为63px的水平线，将三者垂直居中分布后再将最后一根线段缩短一些，如图4-26所示。

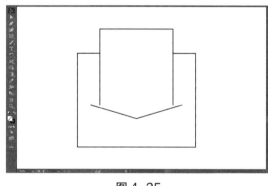

图4-25

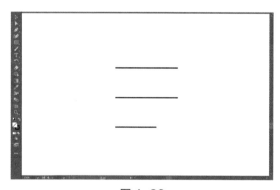

图4-26

将三根线段居中放置在"信纸"元素中，该图标的轮廓就绘制完成了，如图4-27所示。

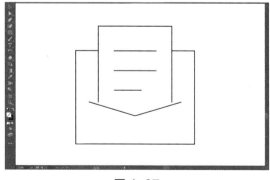

图4-27

步骤2 设置图标外观样式

执行与"首页"图标外观样式设置相同的操作，完成该图标的外观样式，如图4-28所示，"作诗"图标就绘制完成了。

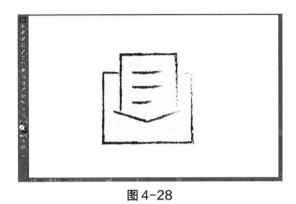

图 4-28

（4）绘制"我的"图标

步骤1 绘制图标轮廓

绘制一个直径为146px的正圆，与一个宽170px、高60px的矩形，再将两个元素水平居中对齐后垂直顶对齐，如图4-29所示。

框选两个对象，执行路径查找器→"交集"操作，我们需要的"身体"元素——半圆形就绘制完成了，如图4-30所示。

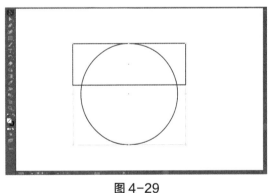

图 4-29

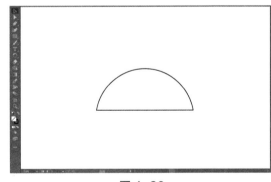

图 4-30

绘制一个宽70px、高57px的矩形，将其与半圆形水平居中对齐，再让矩形的下方顶点与半圆形的弧线重合，我们所需的"面部轮廓"元素就绘制好了，如图4-31所示。

绘制一个宽30px、高10px的矩形，将其放置在"面部轮廓"元素中央，如图4-32所示。

用钢笔工具在该矩形的上下边添加控制点后按"delete"键，将上下边去除后，剩下的侧边线段就是我们所需的"眼睛"元素了，如图4-33所示。

绘制一个直径为70px的正圆，再用直接选择工具选择正圆底部的控制点，如图4-34所示。

按下"delete"键将控制点删除，得到我们所需的半圆，如图4-35所示。

将半圆元素对齐放置在"面部"元素顶部，如图4-36所示。

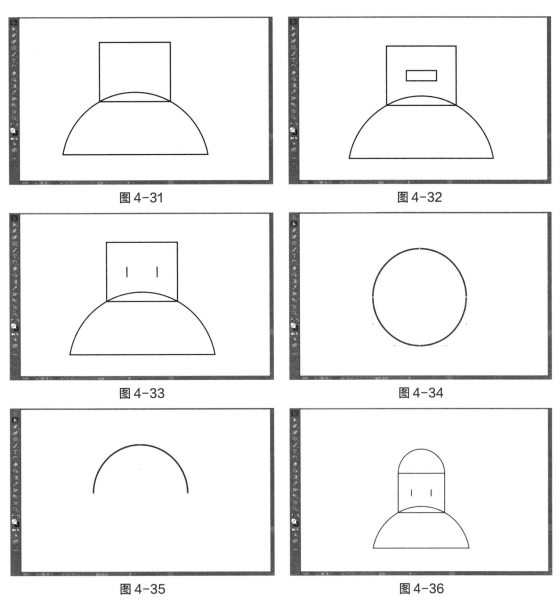

图 4-31

图 4-32

图 4-33

图 4-34

图 4-35

图 4-36

绘制一个宽 70px、高 60px 的矩形，并删除其底边，如图 4-37 所示。

用直接选择工具选择顶部左右两个顶点，按住圆角控制环向内拖曳至极限，将该元素顶部调整为半圆形，如图 4-38 所示。

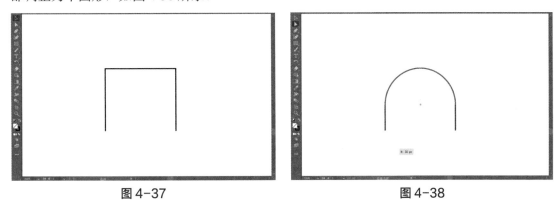

图 4-37

图 4-38

将该元素与之前绘制并组合好的元素对齐组合，如图 4-39 所示。

运用多边形工具绘制一个三角形，再将其尺寸设置为宽 32px、高 97px，如图 4-40 所示。

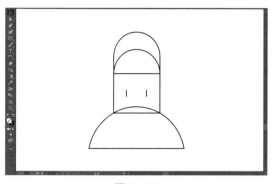

图 4-39

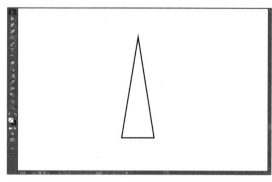

图 4-40

用直接选择工具框选三角形底边左右两侧的控制点，再按住圆角控制环向内拖曳至极限，我们所需的"帽翅"元素就做好了，如图 4-41 所示。

保持该元素选中的状态双击旋转工具 ⟳，弹出旋转面板，在角度一栏中输入 60°，再将该"帽翅"元素与之前绘制并组合好的元素组合，如图 4-42 所示。

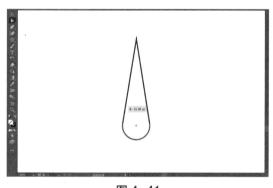

图 4-41

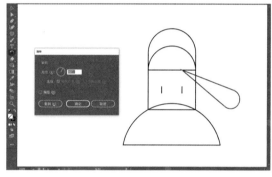

图 4-42

选中该元素后单击右键→变换→镜像，在镜像面板中选择"垂直"轴，然后点击"复制"如图 4-43 所示。

再将镜像复制的元素移动至图标左侧对称的位置上，该图标的轮廓就绘制完成了，如图 4-44 所示。

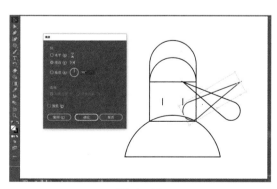

图 4-43

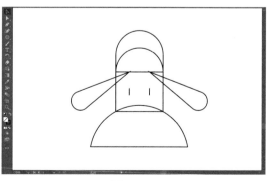

图 4-44

做到这一步时，大家可能会对一些图标的细节心存疑虑，那就是"帽翅"以及"眼睛"这两组对称的元素是否与帽子、面部以及身体元素保持准确的水平居中对齐关系。这时我们可以按住"shift"键用选择工具多选，将一对"帽翅"选中后进行"编组"，然后对"眼睛"元素也进行同样的操作。之后我们再框选所有的元素之后执行水平居中对齐操作📌，就可以确信我们的图标是对称的了。

步骤 2　设置图标外观样式

执行与"首页"图标外观样式设置相同的操作，设置该图标的外观样式，如图4-45所示。

选中"帽翅"元素与"冒冠"元素，按下快捷键"ctrl+shift+["将两者置于底层，如图4-46所示，该图标就绘制完成了。

图 4-45　　　　　　　　　　　　　　图 4-46

（5）排列图标

将绘制好的四个图标排成一列居中放置在画板中间，保持四个图标全部选中的状态执行水平居中对齐操作📌和垂直居中分布操作📊，如图4-47所示。

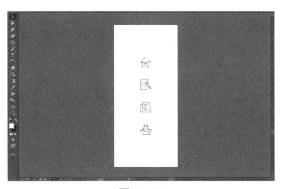

图 4-47

这时我们会发现，四个图标感觉并没有被很好地对齐排列，主要问题出现在"作诗"图标上。这是由于 Illustrator 中的各种对齐操作是基于每个图形对象的客观尺寸进行运算的，如图4-48所示。

而人的视觉会根据图形的具体结构认定一个主观的"中心点"，因此遇到这类问题时我们需要相信自己的视觉感受，而不是把决定权交给电脑。我们只要将"作诗"图标向右做些许移动，感觉就整齐了，如图4-49所示。

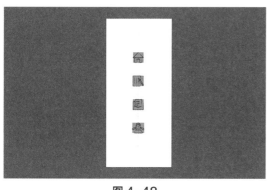
图 4-48

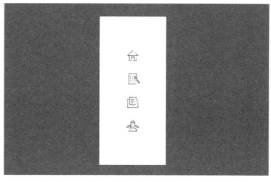
图 4-49

4.2 线性风格插画

该风格案例的插画是由许多形状规律变化的曲线构成的一幅抽象的"黄河水",如图 4-50 所示。

图 4-50

这些数不清的线条如果要一根根画出来,还要保持它们的变化规律是一件非常麻烦的事情。好在 Illustrator 中有一种工具可以轻松地做出这类图形效果。该幅插图其实是由图 4-51 中所示的 8 个按规则叠放组合的独立元素构成的。

而我们只需要绘制这 8 个图形元素内部线条中的"首尾"线条,其他线条让软件帮我们直接生成就可以了,如图 4-52 所示。

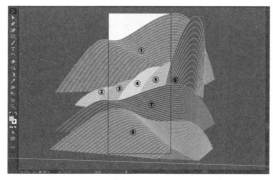
图 4-51

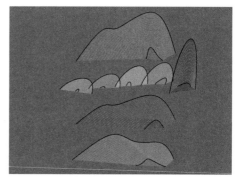
图 4-52

（1）制作元素

步骤 1　绘制首尾曲线

选择钢笔工具在工作区域空白处按下鼠标左键，拖曳出控制点和控制线，恰当地安排节点的位置以及控制线的方向与长度，使线条看起来流畅且富有张力，如图4-53所示，①号元素所需的第一根曲线就绘制好了。

接着再用同样的方法绘制①号图形元素所需的另外一根曲线，如图4-54所示。

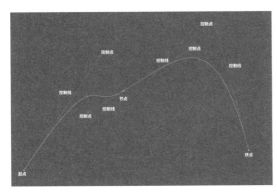

图4-53　　　　　　　　　　　　　图4-54

步骤 2　混合曲线

选择混合工具，在两根曲线的起点处分别单击一次鼠标左键，建立混合组，如图4-55所示。

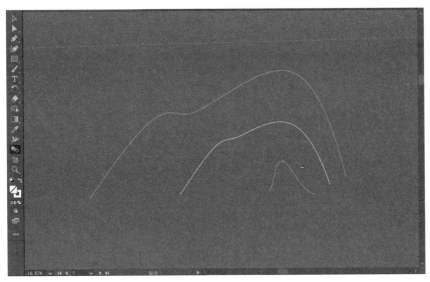

图4-55

保持该"混合组"选中的状态，双击混合工具，弹出混合选项面板，将"间距"选项改为"指定的步数"并输入"22"，如图4-56所示。

点击确定，规律变化的几十根曲线就自动生成了，如图4-57所示。

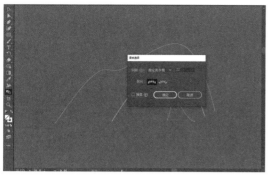

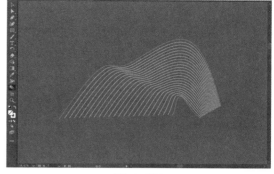

图 4-56　　　　　　　　　　　　　图 4-57

步骤 3　设置混合组外观

　　将该混合组的填充色设置为 R:255\G:229\B:199，描边粗细为 3pt，颜色为白色，如图 4-58 所示，①号图形元素就制作完成了。

（2）复制元素

　　以同样的方法制作②号元素，如图 4-59 所示。

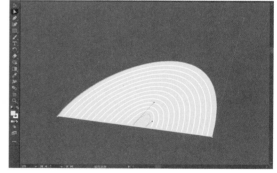

图 4-58　　　　　　　　　　　　　图 4-59

　　②号元素的首尾曲线均由两个节点构成，混合步数设置为"12"，②～⑥号元素均由②号元素复制后进行适度的旋转和比例缩放而来，如图 4-60 所示。

　　大家也可以尝试用直接选择工具点选混合组的首尾曲线的节点，再拖曳其控制点，从而改变整个混合组的轮廓，如图 4-61 所示。

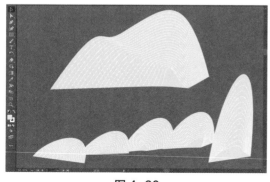

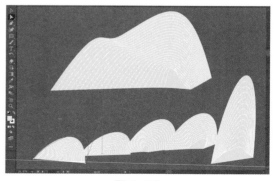

图 4-60　　　　　　　　　　　　　图 4-61

⑦号与⑧号元素则是通过复制①号元素后，再分别调整首尾曲线轮廓的方式制作出来的，如图4-62所示。

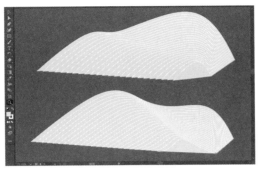

图4-62

（3）组合元素

将8个图形元素叠放、排列妥当后进行编组，如图4-63所示。

绘制一个与画板等大的矩形，并将其放置在混合曲线图形组上方，如图4-64所示。

图4-63

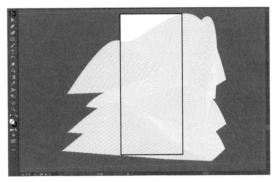

图4-64

框选曲线图形组和矩形，单击右键，点选"建立剪切蒙版"，如图4-65所示。

再绘制一个与画板等大的矩形，将填充色设置为R:249\G:245\B:236，描边设置为"无"，再将其排列置于底层，如图4-66所示。

图4-65

图4-66

至此线性风格的插图案例就绘制完成了。

4.3 线性风格文字

（1）绘制文字轮廓

绘制一个直径为 578px 的正圆，如图 4-67 所示。

使用剪刀工具将正圆形的右上部分裁剪开，如图 4-68 所示。

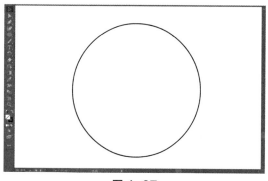

图 4-67 图 4-68

用选择工具选中被剪出来的右上部分并删除，如图 4-69 所示。

在圆形右侧 1/4 的位置绘制一条长度为 493px 的垂直线，如图 4-70 所示。

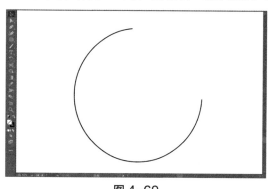
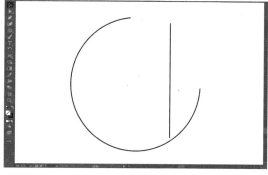

图 4-69 图 4-70

绘制三根长度为 175px 的水平线，将三根线段以 60px 的间距垂直居中分布放置，如图 4-71 所示。

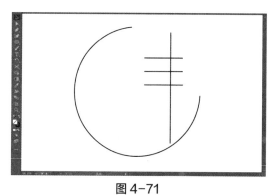

图 4-71

用选择工具框选三根水平线，按住"alt"键向左平移复制，再将复制出来的三根水平线的宽度改为 91px，如图 4-72 所示。

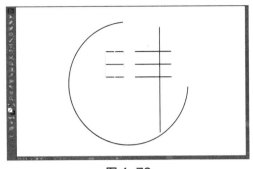

图 4-72

绘制两根长度分别为 46px、31px 的垂直线，并放置在恰当的位置上，如图 4-73 所示。绘制一个直径为 85px 的正圆形，并放置在恰当位置，如图 4-74 所示。

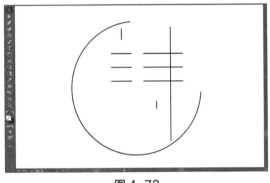

图 4-73

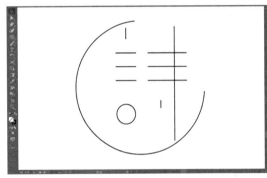

图 4-74

至此，该线性文字的轮廓就绘制完成了。

（2）设置文字外观

将描边粗细设置为 3pt，然后在画笔面板中选择最后一个"炭笔 - 羽毛"画笔，如图 4-75 所示。

将左下方的正圆形填色和描边的色值均设置为 R:242\G:111\B:85，如图 4-76 所示。

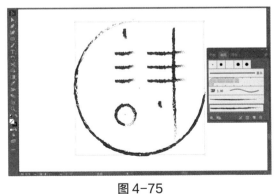

图 4-75

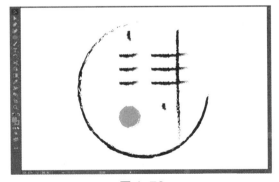

图 4-76

至此，线性风格的文字设计案例就绘制完成了。

4.4 线性风格综合设计

绘制一个与画板等大的矩形，填色设置为 R:249\G:245\B:236，描边设置为"无"，如图 4-77 所示。

绘制两个宽 1124px、高 30px 的白色矩形，分别对齐放置在画板的上下沿，作为该界面的"导航栏"和"工具栏"，如图 4-78 所示。

图 4-77   图 4-78

用文字工具时输入"订阅"，字体选择"思源宋体（Extralight）"，字体大小为 55pt，字距设置为 200，并将其放置在导航栏中央，如图 4-79 所示。

将前面章节中绘制好的图标垂直居中对齐，并水平居中分布放置在"工具栏"上，再将"首页"图标的外观填色改为红色（R:242\G:137\B:115），描边为"无"，如图 4-80 所示。

图 4-79   图 4-80

绘制一个宽 863px、高 1530px 的白色矩形。保持该矩形选中状态，在外观面板中点击"效果"图标 fx，选择"风格化"→"投影"，弹出投影界面，将投影颜色设置为黑色，模式为"正片叠底"，不透明度为 25%，X 位移为"0"，Y 位移为"8px"，模糊为"8px"，如图 4-81 所示。

将前面章节中绘制好的插图元素复制一份，再绘制一个宽 863px、高 992px 的矩形放置在插图元素上方，如图 4-82 所示。

框选矩形和插画元素，点击右键，点选"建立剪切蒙版"，再将该元素与上一步中绘制好的白色矩形顶端对齐放置，如图 4-83 所示。

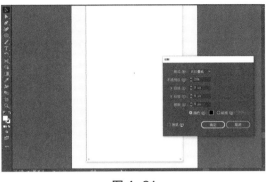

图 4-81

图 4-82

　　长按或右击"文字"工具将其展开,点选"直排文字"工具 IT,输入"君不见,黄河之水天上来,奔流到海不复回。君不见,高堂明镜悲白发,朝如青丝暮成雪。"文字大小为35pt,行距为48pt,字距为200,如图4-84所示。

图 4-83

图 4-84

　　绘制一个宽33px、高38px的矩形,再用钢笔工具在该矩形底边中心单击鼠标左键,增加一个控制点,如图4-85所示。

　　用直接选择工具选中底边中心增添的控制点,将其向上移动至恰当位置,如图4-86所示。

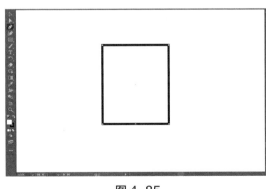

图 4-85

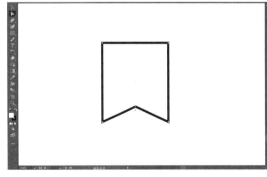

图 4-86

　　绘制一个宽41px、高31px的矩形。再用多边形工具绘制一个正三角形,将其顺时针旋转90°之后,将其宽度设置为13px,并将三角形与矩形如图4-87的样式叠放。

　　框选两个图形后,在路径查找器面板中点选"联集"按钮,得到如图4-88所示图形。

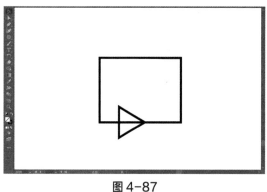
图 4-87

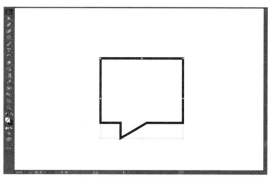
图 4-88

采用与第 3 章中介绍的方式绘制一个"心形图标",该综合页面所需的另外三个图标轮廓就绘制好了,如图 4-89 所示。

以同样的方式将图标的描边设置为"炭笔 - 羽毛"画笔样式,并将"爱心"图标的填色设置为红色（R:242\G:111\B:85）,如图 4-90 所示。

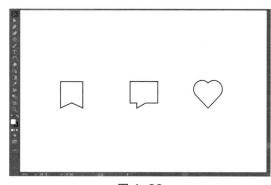
图 4-89

图 4-90

将三个图标结合文字放置在界面中恰当的位置,如图 4-91 所示。

文字字体依然是"思源宋体（ExtraLight）",字体大小为 35pt,字距为 200。至此线性风格的综合页面案例就绘制完成了,整体页面如图 4-92 所示。

图 4-91

图 4-92

CHAPTER FIVE

5

渐变风格设计

本章的案例风格我们将其称之为"渐变风格"，是一款虚拟的电动车充电 APP，整体效果如图 5-1 所示。

图 5-1

所谓的渐变风格，其实就是在设计中大量运用渐变色的一种风格。用真实的画笔和画纸制作绝对均匀的渐变过渡效果是一件比较麻烦的事情，但在电脑中则可以轻易地制作出准确且灵活多变的渐变效果。这种形式可以说是伴随着电脑的普及而逐渐广泛应用的设计形式，因此大量使用渐变效果的设计方案或多或少都会给人一种"科技感"。遇到需要强调"科技感"的项目时可以考虑灵活地运用该风格来达到目的。下面就按照步骤来了解一下这种风格的各类元素应该如何绘制吧。

5.1 渐变风格图标

（1）绘制"搜索"图标

步骤 1 绘制图标轮廓

绘制一个直径为 126px 的正圆，再绘制一个宽 69px、高 20px 的矩形，并用直接选择工具按住其圆角控制环向内拖曳至极限，然后将圆形与圆矩形如图 5-2 所示叠放。

用选择工具框选两个图形，按住"shift"键，将两个图形顺时针旋转 45°，如图 5-3 所示，"搜索"图标的轮廓就绘制完成了。

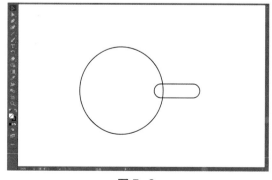

图 5-2

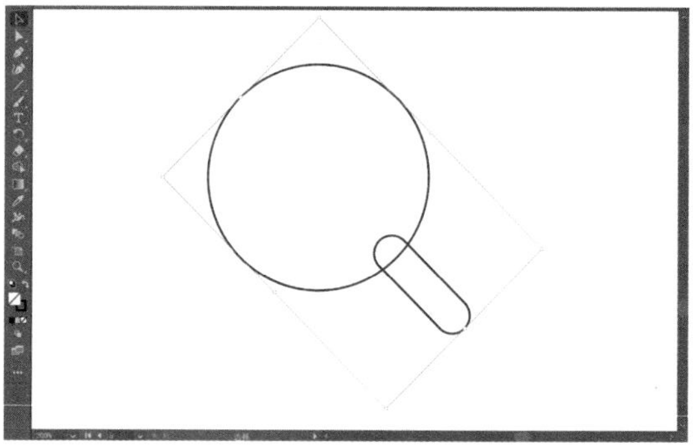

图 5-3

步骤 2 设置图标外观样式

选中正圆形，单击"渐变工具" 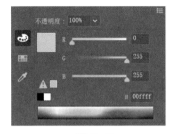，然后在右侧渐变面板的类型中点选"线性渐变"，如图 5-4 所示。

点击渐变面板右下方的"渐变菜单"按钮 ●●●，展开渐变菜单，如图 5-5 所示。

在菜单中，将角度设置为 -135°。双击渐变滑块左端的圆圈，展开滑块颜色面板，将左端滑块颜色设置为 R:0\G:255\B:255，如图 5-6 所示。

图 5-4

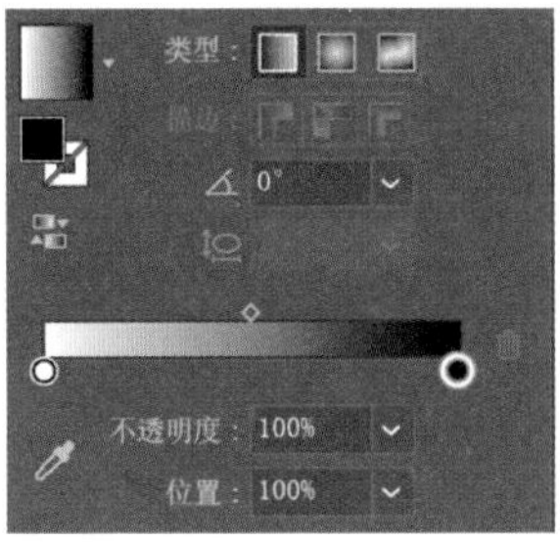

图 5-5

图 5-6

用同样的方法将右端滑块颜色设置为 R:0\G:113\B:188。最后将该圆形的描边设置为无，该元素的渐变形式就设置好了，如图 5-7 所示。

选中"圆矩形"点选吸管工具 ✐，吸取"正圆形"的"外观样式"，如图 5-8 所示。

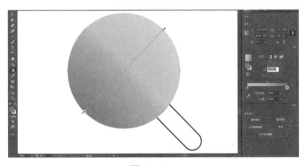

图 5-7

图 5-8

选中"圆矩形"，在其渐变面板中，将角度也设置为"-135°"，如图 5-9 所示。

复制一个正圆形，再绘制一个矩形，逆时针旋转 45°，将其覆盖圆形的一半，如图 5-10 所示。

图 5-9

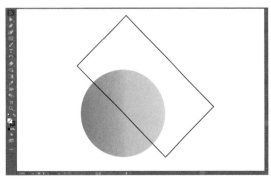

图 5-10

用选择工具框选两个图形，在右侧的路径查找器面板中点选"减去顶层" 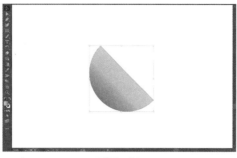，如图 5-11 所示。

图 5-11

展开该图形的渐变面板，将角度改为 -45°，左右两个渐变滑块的颜色均设置为 R:27\ G:20\B:100，再将右侧滑块的"不透明度"设置为 0%，如图 5-12 所示。

将该半圆形对齐正圆形左下边缘叠放，如图 5-13 所示，该图标就绘制完成了。

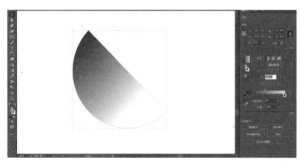

图 5-12

图 5-13

（2）绘制"最近"图标

步骤 1 绘制图标轮廓

绘制一个直径为 126px 的正圆形。绘制一个宽 20px、高 62px 的圆矩形，再将该圆矩形复制并旋转 90°，如图 5-14 所示。

框选两个圆矩形，执行水平左对齐和垂直底对齐，再将两个圆矩形组放置在正圆形内部恰当的位置上，如图 5-15 所示。

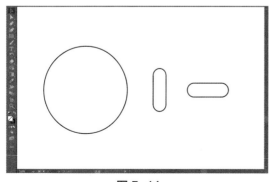

图 5-14

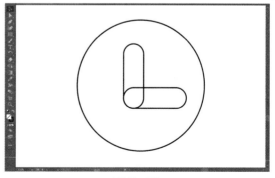

图 5-15

注意该图标与真实的时钟不同，两个表针的转轴并没有落在圆心，而是偏向左下方的位置上，这样的组合关系让整个图标的视觉看上去更加平衡。

框选两个"指针"元素，执行路径查找器中的"联集"操作，如图5-16所示，该图标的轮廓就绘制完成了。

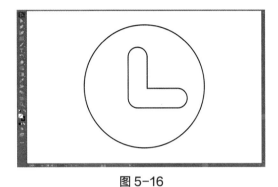

图 5-16

步骤 2　设置图标外观样式

选中"表盘"与"表针"元素，用吸管工具吸取上个步骤中绘制完成的"查找"图标的外观样式，并将"表盘"的渐变角度设置为 −135°，如图5-17所示。

将"表针"的右端渐变滑块的颜色设置为白色，如图5-18所示。

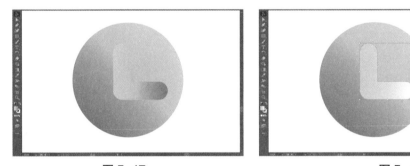

图 5-17　　　　　　　　　　　　　图 5-18

将前面的步骤中绘制好的"查找"图标中的半透明"高光"元素复制并叠放在"表盘"上，如图5-19所示。

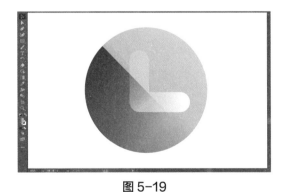

图 5-19

至此，"最近"图标就绘制完成了。

（3）绘制"卡券"图标

步骤 1 绘制图标轮廓

绘制一个宽 168px、高 110px 的矩形，如图 5-20 所示。

用直接选择工具选中矩形的左上角顶点，并在右侧的边角面板中将边角设置为"反向圆角"，半径输入 21px，如图 5-21 所示。

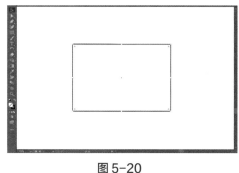 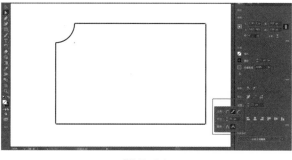

图 5-20 图 5-21

然后将矩形的其他三个顶点也用同样的方法进行设置，如图 5-22 所示。

绘制一个宽 83px、高 20px 的圆矩形，再将其复制，然后将两条圆矩形水平居中对齐放置在刚刚绘制好的反向圆角矩形中央，如图 5-23 所示。

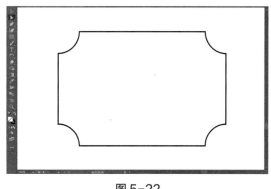 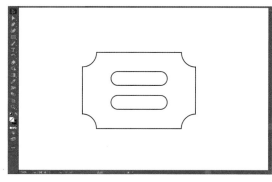

图 5-22 图 5-23

至此"卡券"图标的轮廓就绘制完成了。

步骤 2 设置图标外观样式

参照上个步骤中"最近"图标的外观设置方法，将该图标的外观设置如图 5-24 所示。

复制一个反向圆角矩形元素，再绘制一个矩形，将其旋转 45°后叠放在反向圆角矩形上方，如图 5-25 所示。

框选两个元素，在右侧的路径查找器面板中，点选"交集"图标，得到"高光元素"所需的符合图形，如图 5-26 所示。

用吸管工具吸取前一章节中已绘制好的"高光元素"的外观样式，再将其叠放在"卡券"图标的其他元素上方，如图 5-27 所示。

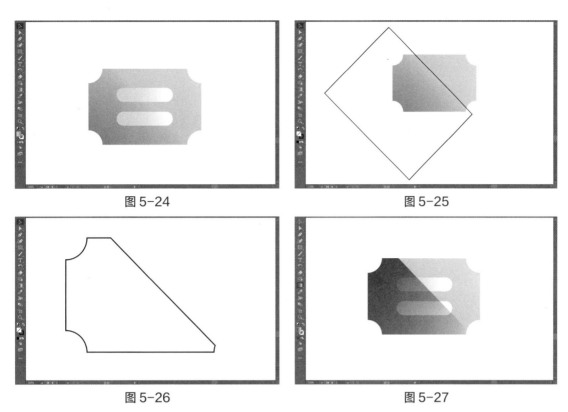

图 5-24

图 5-25

图 5-26

图 5-27

这时会发现"卡券"图标的高光渐变过于"暗沉"，显得不太自然。选中该图形元素，然后单击渐变工具▣，这时图形上方会出现一根控制渐变范围的控制杆，如图 5-28 所示。

渐变的范围在默认情况下是会覆盖整个图形的，而在该图标的案例中，想要"高光"看起来自然一些，就需要让右下角的渐变色在图标范围内消失。要达到这一效果，只需要将右下角的渐变滑块向左上方拖曳至图标范围内，如图 5-29 所示。

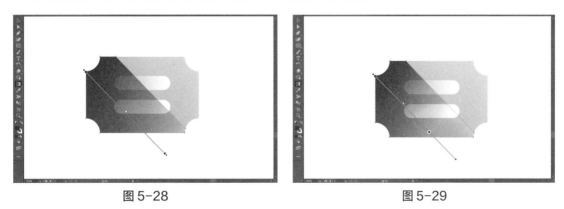

图 5-28

图 5-29

至此，"卡券"图标就绘制完成了。

（4）绘制"导航"图标

步骤 **1** 绘制图标轮廓

绘制一个三角形，并将其宽度设置为 132px，高度设置为 146px，如图 5-30 所示。

再绘制一个三角形，将其宽度设置为 132px，高度设置为 36px，并将两个三角形水平居中对齐和垂直底部对齐，如图 5-31 所示。

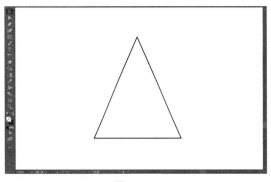

图 5-30

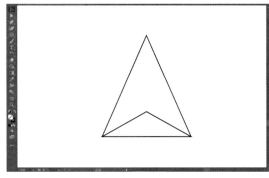

图 5-31

框选两个三角形，在路径查找器面板中点选"减去顶层"图标，得到符合图形，如图 5-32 所示。

用直接选择工具依次点选该图形的每个顶点，将其圆角半径设置为 9.4px，该图标的轮廓就绘制完成了，如图 5-33 所示。

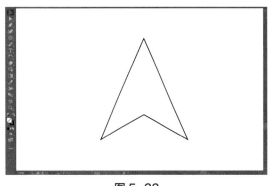

图 5-32

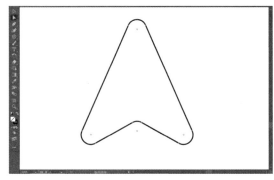

图 5-33

步骤 2　设置图标外观样式

用吸管工具将该图标的外观与已绘制好的图标设置一致，如图 5-34 所示。

以同样的方式准备好"高光"元素所需的图形元素，如图 5-35 所示。

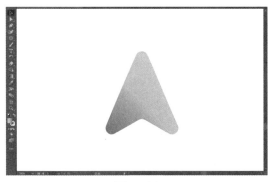

图 5-34

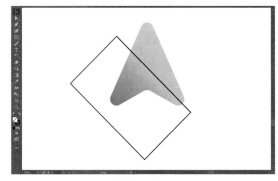

图 5-35

框选后执行路径查找器中的"联集"操作，并用吸管吸取"卡券"图标的"高光"元素的渐变样式，如图 5-36 所示。

再将高光与该图标的图形元素对齐叠放，该图标就绘制完成了，如图 5-37 所示。

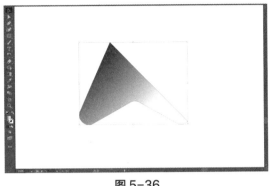

图 5-36

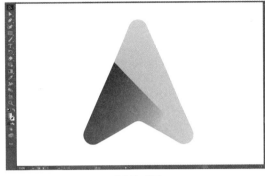

图 5-37

（5）绘制"商城"图标

步骤 1　绘制图标轮廓

绘制一个宽 127px、高 87px 的矩形，再绘制一个宽 104px、高 50px 的矩形，并将两个矩形上下对齐叠放，如图 5-38 所示。

用直接选择工具选中下方大矩形的左上角顶点，将其向右拖曳，直至与小矩形的左下角顶点重合，如图 5-39 所示。

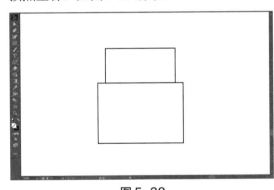

图 5-38

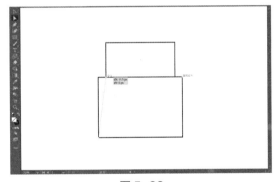

图 5-39

对右侧顶点进行同样的操作，得到图标所需的梯形，如图 5-40 所示。

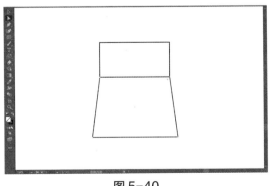

图 5-40

然后将上方的小矩形删除，并用直接选择工具将梯形的四个顶点的圆角半径均设置为13px，如图5-41所示。

绘制一个宽51px、高55px的矩形，如图5-42所示。

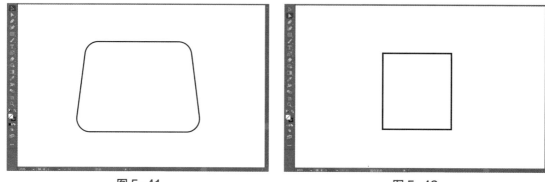

图5-41　　　　　　　　　　　　　　　　图5-42

用直接选择工具框选住矩形的四个顶点，按住圆角控制环，向内拖曳至极限，得到圆矩形，如图5-43所示。

用直接选择工具框选圆矩形底部的控制点，并删除，如图5-44所示。

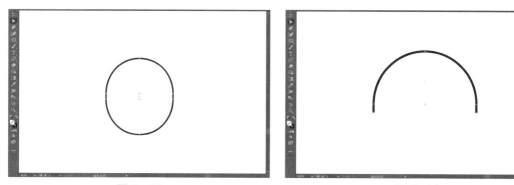

图5-43　　　　　　　　　　　　　　　　图5-44

将描边粗细设置为20pt，描边端点设置为圆头端点，如图5-45所示。

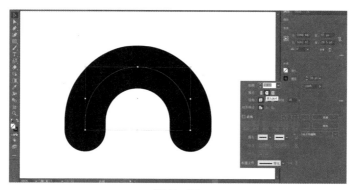

图5-45

保持该图形选中的状态，点击菜单栏中的"对象"→"扩展"按钮，如图5-46所示。

点击确定，这时该图形就从一根描边粗细为20pt的线条被"扩展"为只有填充色、没有描边的"封闭图形了"，如图5-47所示。

图 5-46

图 5-47

将该半圆形的"提手"元素的填充色改为"无",描边改为粗细为 1pt、颜色为黑色,如图 5-48 所示。

将该图形与梯形水平居中对齐组合放置,该图标的轮廓就绘制完成了,如图 5-49 所示。

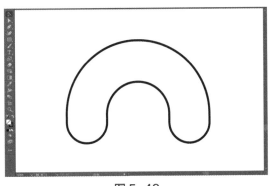

图 5-48

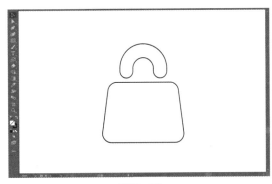

图 5-49

步骤 2 设置图标外观样式

同样用吸管工具吸取已完成图标的渐变样式,如图 5-50 所示。

图 5-50

再用相同的步骤:复制图标元素→用斜 45°矩形和"联集"路径查找器制作"高光"复合图形→吸取已完成的"高光"元素的渐变样式,完成"高光"元素的绘制,如图 5-51 所示。

最后再将"高光"元素与图标其他元素对齐叠放,"商城"图标就绘制完成了,如图 5-52 所示。

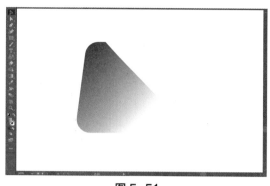

图 5-51 图 5-52

（6）绘制"订单"图标

步骤 1　绘制图标轮廓

　　绘制一个宽 100px、高 124px、圆角半径 14px 的圆角矩形，如图 5-53 所示。

　　绘制一个宽 49px、高 20px 的圆矩形，再复制一份，将两个圆矩形水平居中对齐放置在圆角矩形中央，该图形的轮廓就绘制完成了，如图 5-54 所示。

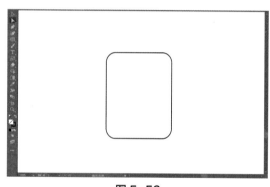

图 5-53

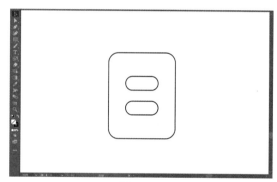

图 5-54

步骤 2　设置图标外观样式

　　用吸管工具为圆角矩形附上与前面画好的图标一样的渐变色，为两根圆矩形附上与"最近"图标中的"表针"元素一样的渐变色，如图 5-55 所示。

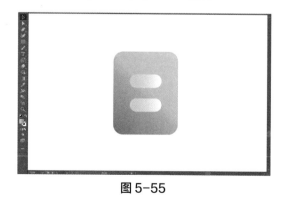

图 5-55

再用相同的步骤：复制图标元素→用斜45°矩形和"联集"路径查找器制作"高光"复合图形→吸取已完成的高光元素的渐变样式，完成"高光"元素的绘制，如图 5-56 所示。

最后再将高光元素与图标其他元素对齐叠放，"订单"图标就绘制完成了，如图 5-57 所示。

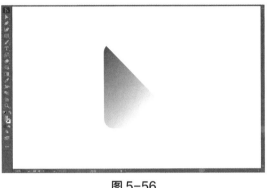

图 5-56

图 5-57

5.2　渐变风格插画

（1）绘制"闪电"

步骤 1　绘制插图轮廓

该案例的插图是一个具有立体感的"闪电"符号，轮廓看似简单，但想画得准确还是需要一些技巧的。

首先绘制一个三角形，尺寸和形状都没有特别严格的要求，可以参考图 5-58 中的形状，尺寸大约为宽 130px、高 224px。

然后将该三角形复制，并旋转 180°，再将两个三角形如图 5-59 的样子放置在一起。

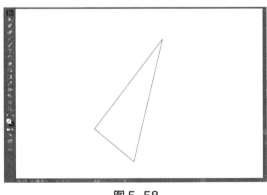

图 5-58

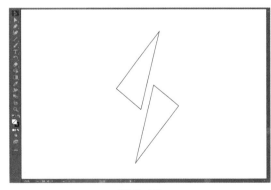

图 5-59

框选两个三角形，按下快捷键"ctrl+2"，将两个三角形锁定。然后用钢笔工具沿三角形顶点绘制折线如图 5-60 所示。

用直线段工具沿三角形边线绘制与之重合的线段，如图 5-61 所示。

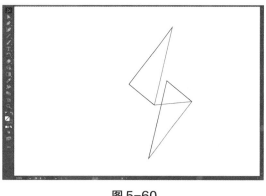

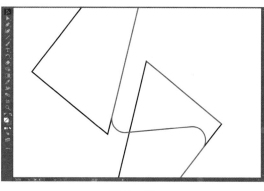

| 图 5-60 | 图 5-61 |

按下快捷键"ctrl+y"，进入"轮廓视图"，如图 5-62 所示。

用选择工具按住线段右侧的控制点，并按住"ctrl"键，把线段拖曳到与"圆角折线"相重合，如图 5-63 所示。

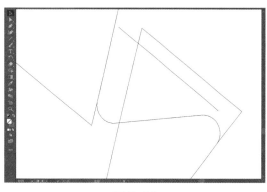

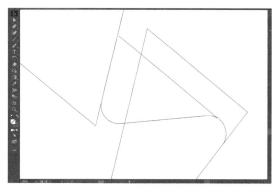

| 图 5-62 | 图 5-63 |

再将线段左侧控制点沿自身方向延长至左侧三角形内部，如图 5-64 所示。

再复制这根线段，以同样的方式让其与"圆角折线"的左侧圆弧重叠，如图 5-65 所示。

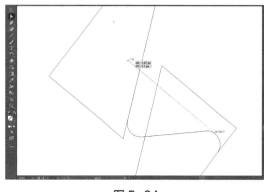

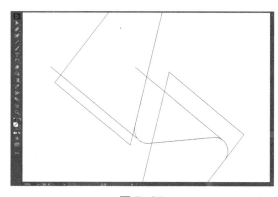

| 图 5-64 | 图 5-65 |

再次按下快捷键"ctrl+Y"，切换回"预览视图"，如图 5-66 所示。

按下"全部解锁"的快捷键"ctrl+alt+2"，将之前锁定的两个三角形解锁，再用选择工具将三角形、圆角折线、直线段等素材全部框选，如图 5-67 所示。

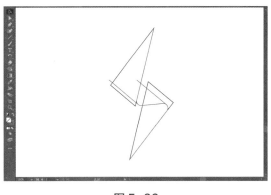
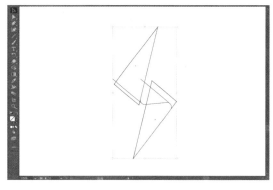

图 5-66 图 5-67

点选"形状生成器"工具 ，然后用该工具在左侧的三角形内部按住鼠标左键后滑动至圆角折线左侧的小三角空间内，再松开鼠标左键，如图 5-68 所示。

接着再以同样的方式，让鼠标从"闪电"中间的转折区域划过，如图 5-69 所示。

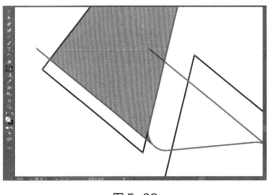
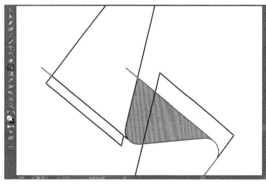

图 5-68 图 5-69

在右下方的三角形内部，单击鼠标左键，如图 5-70 所示。

再用选择工具将多余的形状和线段删除，"闪电"的轮廓雏形就出现了，如图 5-71 所示。

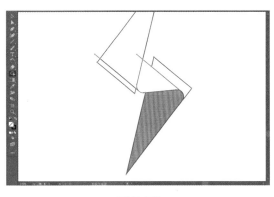
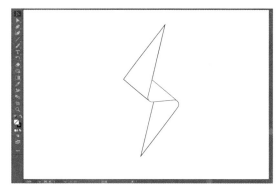

图 5-70 图 5-71

再用直接选择工具将"闪电"上下两端的顶点的圆角设置为 5px，转折处的顶点设置为 13px，该插图的轮廓就绘制完成了，如图 5-72 所示。

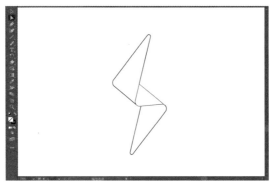

图 5-72

步骤 2　设置插图外观

　　框选"闪电插图"的全部元素，用吸管工具吸取"渐变图标"的渐变样式，如图 5-73 所示。

　　选中左上方的三角形元素，在工具栏中点选渐变工具，在三角形左下方边线处，按下鼠标左键后向右上方垂直于该边线的方向拖曳，如图 5-74 所示。

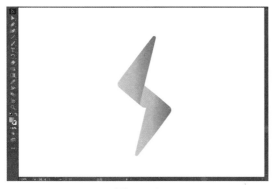

图 5-73

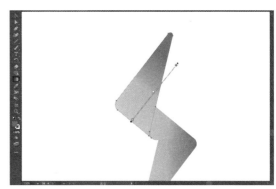

图 5-74

　　选中"闪电"转折处的元素，以相同的工具和方法将渐变的方向和范围调整如图 5-75 所示。

　　选中右下方的三角形，以相同的工具和方法将渐变的方向和范围调整如图 5-76 所示。

图 5-75

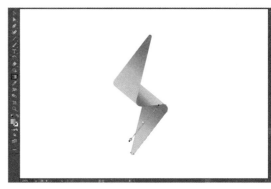

图 5-76

　　至此，"闪电"图案部分就绘制完成了。

（2）绘制"能量罐"

步骤 **1** 绘制图形轮廓

分别绘制宽 547px、高 179px 和宽 376px、高 95px 的椭圆，并居中对齐放置，如图 5-77 所示。

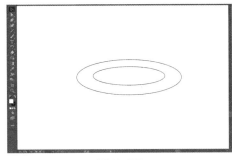

图 5-77

将大椭圆复制，再绘制一个宽 547px、高 20px 的矩形，并将矩形的底边与椭圆长轴重合放置，如图 5-78 所示。

再复制一个椭圆，并让其长轴与矩形顶边重合放置，如图 5-79 所示。

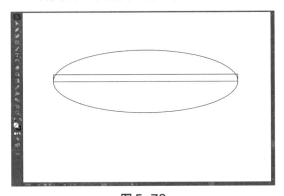

图 5-78

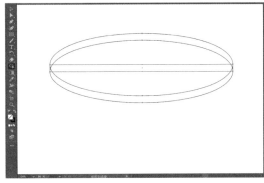

图 5-79

框选三个元素，并用形状生成器划过三个元素围合出的"圆柱立面"元素，如图 5-80 所示。

再用选择工具将上方多余的形状元素删除，"圆柱立面"元素的轮廓就做好了，如图 5-81 所示。

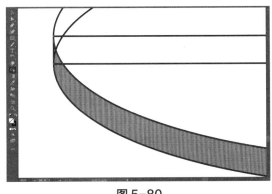

图 5-80

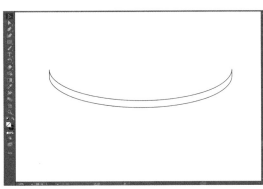

图 5-81

再将该元素与大小椭圆对齐组合，"能量罐"的"金属环"元素的轮廓就做好了，如图5-82所示。

绘制一个宽376px、高686px的矩形，再复制两个小椭圆，将两个椭圆的长轴分别对齐矩形的顶边与底边，如图5-83所示。

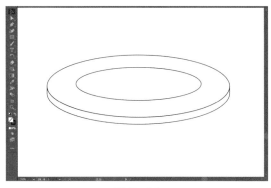

图 5-82

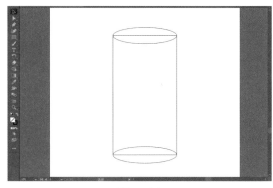

图 5-83

框选三个元素，在路径查找器中执行"联集"操作，再将符合图形对齐"金属环"内侧的椭圆，"玻璃罐体"的轮廓就做好了，如图5-84所示。

复制一份"金属环"元素，对齐"玻璃罐体"上沿，如图5-85所示。

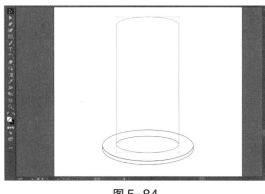

图 5-84

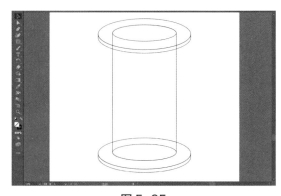

图 5-85

再复制两份"玻璃罐体"分别对齐放置在两个"金属环"上方和下方，"能量罐"的轮廓就绘制完成了，如图5-86所示。

图 5-86

步骤 2 设置图形外观

选中两个"金属环"的大椭圆，用吸管工具吸取"闪电"插图的渐变样式，如图 5-87 所示。

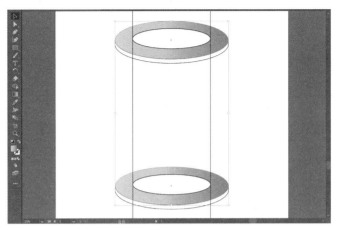

图 5-87

选中两个小椭圆，用吸管吸取同样的渐变样式，再将渐变角度旋转 180°，如图 5-88 所示。

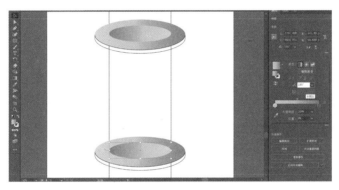

图 5-88

选中"金属环"的立面元素，用吸管工具吸取"图标"案例中的"高光"元素的渐变样式，如图 5-89 所示。

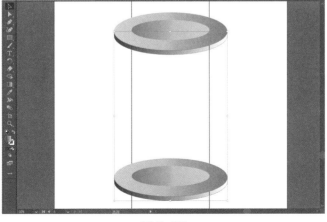

图 5-89

选中"玻璃罐"元素，将其填充色设置为渐变样式：左中右三个滑块，色值均为 R:165\
G:255\B:255，两端滑块不透明度 100%，中心滑块不透明度 0%，如图 5-90 所示。

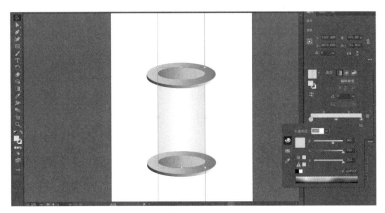

图 5-90

选择上部的"光柱"元素，吸取"玻璃罐"的渐变样式，再将该渐变的右侧滑块删除，
如图 5-91 所示。

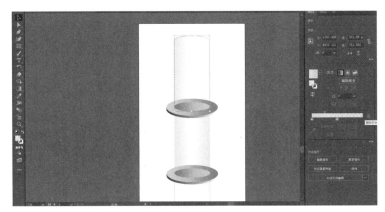

图 5-91

将渐变角度旋转 90°，再将中心滑块适当向右侧拖曳，如图 5-92 所示。

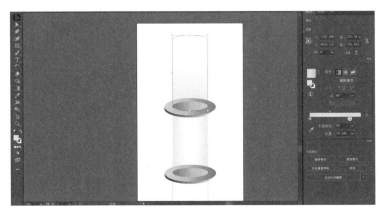

图 5-92

下部"光柱"也用相似的操作进行设置，如图 5-93 所示。

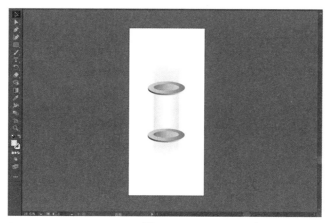

图 5-93

最后将这些元素按照物体的层次关系恰当地排列层次，再进行编组，整个"能量罐"元素就制作完成了，如图 5-94 所示。

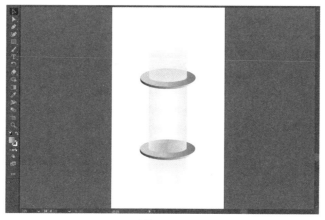

图 5-94

（3）绘制细节并组合元素

绘制两个直径分别为 12px 和 33px 的正圆，并对齐圆心放置，如图 5-95 所示。

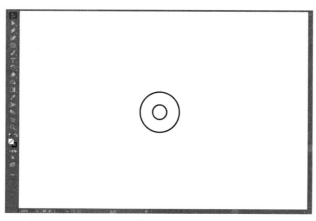

图 5-95

绘制一个宽 33px、高 326px 的圆矩形，顶端对齐大圆放置，如图 5-96 所示。

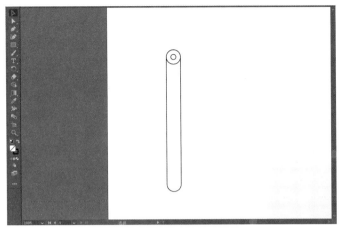

图 5-96

大圆填充色值设置为 R:115\G:255\B:255，小圆填充色值设置为纯白、不透明度 50%，如图 5-97 所示。

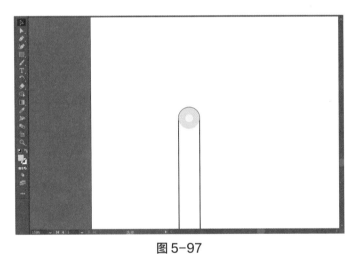

图 5-97

圆矩形填充设置为渐变色：从 50% 不透明度的纯白渐变至 100% 不透明度的纯白，如图 5-98 所示。

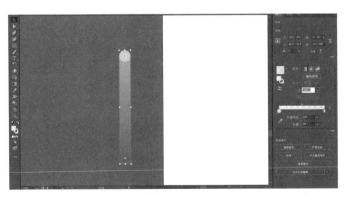

图 5-98

UI 视觉风格设计 Illustrator 实例教程

将该"光束"细节元素编组，并复制若干个，放置在画板的恰当位置上，如图5-99所示。

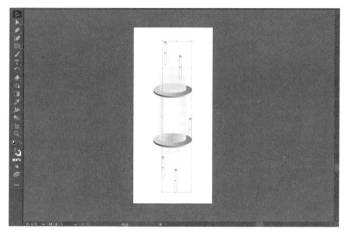

图 5-99

为画面添加一个背景色，填充渐变设置为从 R:180\G:255\B:255 渐变至 R:61\G:197\B:228，角度为 90°，如图 5-100 所示。

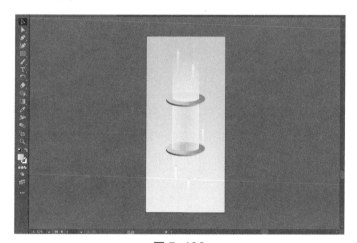

图 5-100

最后将"闪电"插图放置在"能量罐"中心，整个渐变风格的插画案例就绘制完了，如图 5-101 所示。

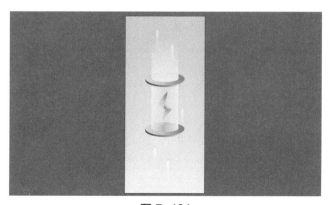

图 5-101

5.3　渐变风格文字

步骤 **1**　绘制文字骨架

　　绘制一条长 552px 的垂直线，一条长 327 和一条长 431px 的水平线。并将三条线组合放置如图 5-102 所示。

　　用钢笔工具绘制一个如图 5-103 所示的折线，在绘制折线的斜线部分时，按住"shift"键，可将折线末端的控制点锁定在 45° 的方向上。

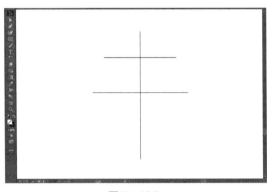

图 5-102　　　　　　　　　　　　　　　图 5-103

　　选中折线单击右键，执行变换→镜像→复制操作，再将镜像复制的折线放置在对称位置上，如图 5-104 所示。

　　选中两个折线的拐角控制点，将其圆角设置为 50pt，如图 5-105 所示。

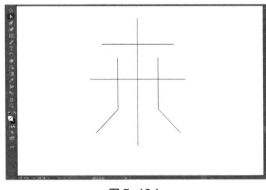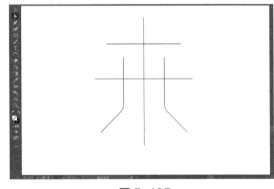

图 5-104　　　　　　　　　　　　　　　图 5-105

　　绘制一个宽 326px、高 260px、圆角半径 80px 的圆角矩形，如图 5-106 所示。

　　绘制一条长 154px 的水平线，放置在圆角矩形中心，如图 5-107 所示。

　　绘制一条宽 200px、高 548px 的折线，如图 5-108 所示。

　　将该折线转角处圆角设置为 85px，如图 5-109 所示。

　　再将两个文字的"骨架"以一个合适的字距组合放置，文字骨架部分就制作完成了，如图 5-110 所示。

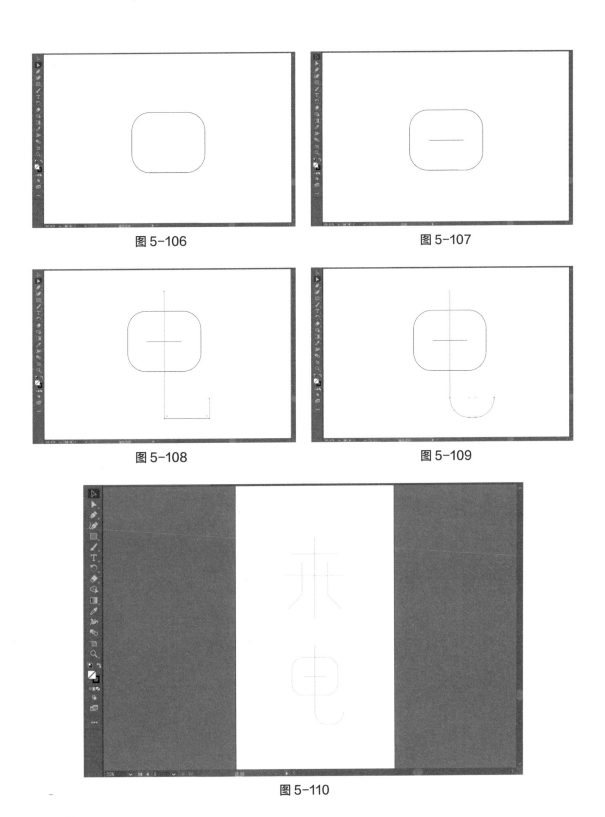

图 5-106

图 5-107

图 5-108

图 5-109

图 5-110

步骤 2 制作文字外观样式

绘制一个直径为 76px 的正圆形,将其填充色设置为与"渐变风格图标"一样的渐变色样式,然后再复制一个,如图 5-111 所示。

双击"混合工具" ，弹出混合工具面板，将"间距"设置为"指定的步数"，并输入数值 100，如图 5-112 所示。

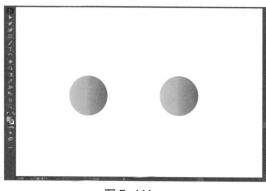

图 5-111

图 5-112

用混合工具，一次单击两个渐变色正圆形，文字所需的混合组元素就做好了，如图 5-113 所示。

按住"shift"键，用选择工具同时选中混合组，和"来"字左侧的折线段元素，如图 5-114 所示。

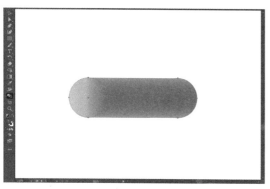

图 5-113

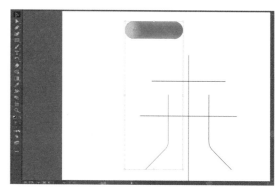

图 5-114

在菜单栏中选择"对象"→"混合"→"替换混合轴"，酷炫的渐变立体感笔画就出现了，如图 5-115 所示。

按住"alt"键，拖曳复制该笔画，再将其与下一个笔画的骨架同时选中，如图 5-116 所示。

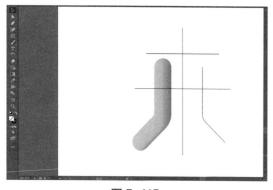

图 5-115

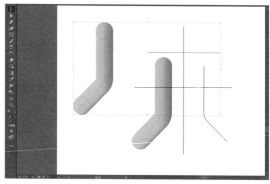

图 5-116

再次执行"对象"→"混合"→"替换混合轴"的操作，下一个笔画就做好了，如图 5-117 所示。

接着不断地重复这项操作，将每一个文字笔画都设置为混合组样式，渐变风格的文字就绘制好了，如图 5-118 所示。

图 5-117   图 5-118

接着再绘制一个填满画板的矩形作为背景，在渐变面板中选择"任意形状渐变"，如图 5-119 所示。

图 5-119

将控制渐变形状和颜色的控制点删除一个，剩下三个放置在恰当位置，并双击每个控制点，对其颜色进行适当调整，如图 5-120 所示。

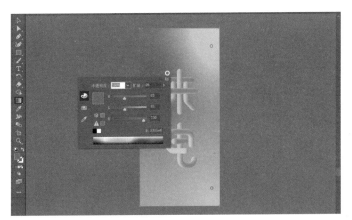

图 5-120

至此，渐变风格的文字案例就制作完成了。

5.4 渐变风格综合设计

步骤 1　制作内容框架

制作一个填满画板的背景，填充色为 R:0\G:15\B:50，如图 5-121 所示。

绘制一个宽 1125px、高 815px 的矩形，渐变填充设置为从 R:83\G:85\B:230 渐变至 R:0\G:232\B:244，再将左侧渐变滑块向右拖曳至 20%，最后再将矩形下方的转角改为半径为 113px 的圆角，如图 5-122 所示。

图 5-121　　　　　　　　　　　　　　图 5-122

绘制三个填充色为 R:11\G:33\B:68，圆角半径为 66px 的圆角矩形。宽高尺寸依次为：宽 1006px、高 667px，宽 472px、高 922px，宽 472px、高 922px，如图 5-123 所示。

复制一份顶部的渐变色块和与其重叠的圆角矩形，如图 5-124 所示。

图 5-123　　　　　　　　　　　　　　图 5-124

选择复制出来的渐变色块，在菜单栏中选择"效果"→"模糊"→"高斯模糊"，输入半径数值 20，如图 5-125 所示。

框选模糊后的渐变色块和与其重叠的圆角矩形，单击右键，选择"建立剪切蒙版"，如图 5-126 所示。

将该"剪切组"拖曳至与画板内的圆角矩形重叠的位置上，并将其不透明度设置为 70%，如图 5-127 所示。

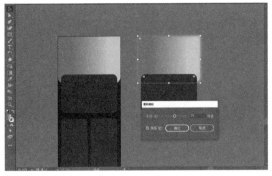

图 5-125

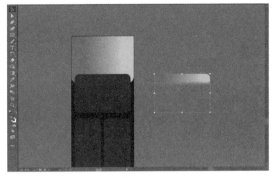

图 5-126

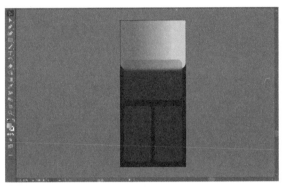

图 5-127

这样就制作出了一张类似半透明毛玻璃卡片的效果。

步骤2 输入内容

　　绘制一个直径为 245px 的正圆，将之前绘制好的"闪电"插图放在圆形中间。在圆形右侧用文字工具键入 Hi!David 字样，字体为"思源黑体（light）"和"思源黑体（heavy）"，字号为 125pt，行距为 130pt，如图 5-128 所示。

　　选用思源黑体，字体大小 60pt，行距 80pt 的字符样式输入内容如图 5-129 所示。

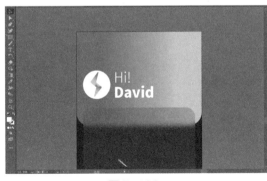

图 5-128

图 5-129

　　金额数值字体为"思源黑体（heavy）"，字号为 127pt，行距为 153pt。绘制一个宽 250px、高 98px 的圆矩形，在其内部键入"充值"，字体、字号与其他内容保持一致，如图 5-130 所示。

　　将前面章节中绘制好的图标排列进第二个圆角矩形面板内，如图 5-131 所示。

图 5-130

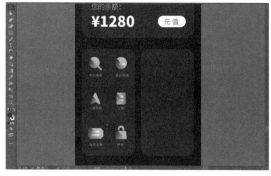

图 5-131

参照第一个矩形内的"您的余额"字符设置样式在第三个圆角矩形中键入"车辆信息"，如图 5-132 所示。

置入汽车图片素材，将其大小和位置调节恰当，如图 5-133 所示。

图 5-132

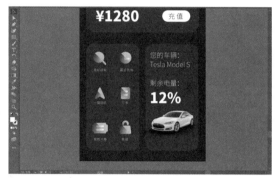

图 5-133

绘制一个宽 380px、高 15px，颜色与背景色一致的圆矩形，如图 5-134 所示。

绘制一个宽 45.6px、高 15px 的矩形，填充渐变样式与"渐变"图标一致，再将其左侧两个拐角设置为半径 7.5px 的圆角，最后将其与长条圆矩形水平左对齐放置，如图 5-135 所示。

图 5-134

图 5-135

至此，渐变风格案例的全部内容就都绘制完成了。

CHAPTER SIX

6

2.5D 风格设计

本章的案例风格被称之为 2.5D 风格,该风格在近几年可谓"大行其道",在游戏、广告、包装、UI 等各种设计领域都能见到它的应用。所谓的 2.5D 风格其实来源于工程制图中的"轴测图"。轴测图可以最直观地反映物体在三维空间中各个轴向上的投影,让物体外形一目了然。"轴测图"是没有任何美术功底的工程师也能信手拈来的准确又生动的"画图风格",所以这种风格会在各种设计领域被设计师们广泛的使用。本章向大家介绍的案例整体效果如图 6-1 所示。下面就一起来看看如何在 Illustrator 中制出这样的"2.5D 风格"设计方案吧。

图 6-1

6.1 2.5D 风格图标

(1) 绘制"天气"图标

步骤 1 绘制图标轮廓

首先在画板中绘制一个与画板等大的深灰色矩形并将其锁定,作为图标案例的背景,如图 6-2 所示。

绘制一个直径为 111px 的正圆形,一个宽 162px、高 77px 的圆矩形,一个宽 151px、高 91px 的圆矩形,将其组合放置,作为"天气"图标中的"白云"元素,如图 6-3 所示。

再绘制一个直径为 116px 的正圆,作为"太阳"元素,如图 6-4 所示。

图 6-2

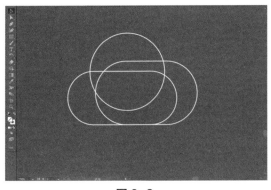
图 6-3

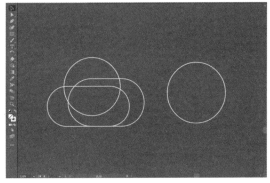
图 6-4

步骤 2　设置图标颜色与 3D 效果

　　将"白云"元素填充色改为白色，描边设置为"无"，再用路径查找器的"联集"功能将其合并为一个符合图形，"太阳"元素填充色设置为 R:255\G:243\B:131，描边设置为"无"，如图 6-5 所示。

图 6-5

　　选中"白云"元素，在菜单栏中选择"效果"→"3D"→"凸出和斜角"，弹出 3D 凸出和斜角选项面板，在"位置"选项中选择"等角 - 右方"，"凸出厚度"一栏输入 30pt，然后点击"确定"，如图 6-6 所示。

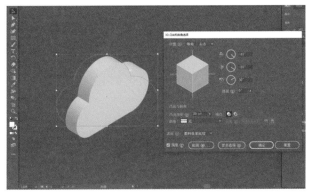
图 6-6

选中"太阳"元素，在菜单栏中选择"效果"→"3D"→"凸出和斜角"，弹出 3D 凸出和斜角选项面板，在"位置"选项中选择"等角 - 右方"，"凸出厚度"一栏输入 20pt，然后点击"确定"，如图 6-7 所示。

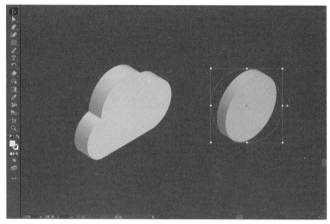

图 6-7

步骤3　扩展 3D 外观并调整颜色

框选"白云"和"太阳"元素，在菜单栏中选择"对象"→"扩展外观"，如图 6-8 所示。

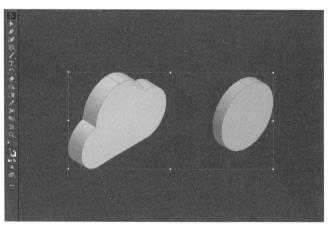

图 6-8

选择两个元素，单击鼠标右键选择"取消编组"，并重复操作一次。然后按住"shift"键，用选择工具多选，将"白云"的侧面元素都选中后，用路径查找器的"联集"功能，将其合并成一个符合图形，如图 6-9 所示。

将侧面元素的填充色改为纯白色，正面元素的填充色改为 R:233\G:233\B:233，如图 6-10 所示。

再次按住"shift"键，用选择工具多选，将"太阳"的侧面元素都选中后，用路径查找器的"联集"功能，将其合并成一个符合图形。将侧面元素的填充色改为 R:255\G:229\B:118，正面元素的填充色改为 R:234\G:175\B:35，如图 6-11 所示。

将"白云"元素置于顶层，再将两个元素组合放置，2.5D 风格的"天气"图标就绘制完成了，如图 6-12 所示。

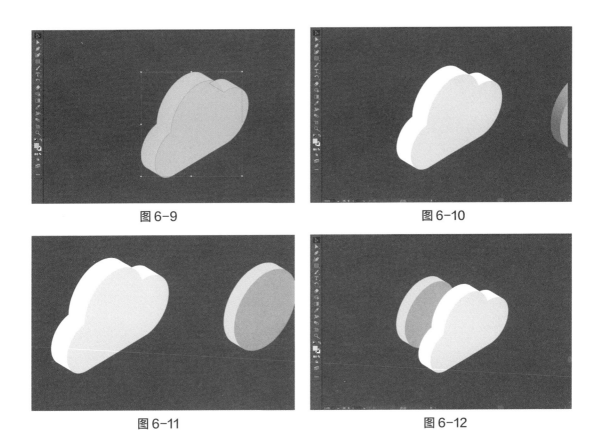

图 6-9

图 6-10

图 6-11

图 6-12

（2）绘制"露营点"图标

步骤 1　绘制图标轮廓

用多边形工具绘制一个正三角形，再将其宽度设置为 127px，如图 6-13 所示。

图 6-13

复制该三角形，按下"ctrl+F"快捷键，将其粘贴在原位置上方，再将其宽度改为 14px，高度改为 100px，将两个三角形垂直底对齐，然后用路径查找器的"减去顶层"功能，做出符合图形，图标所需的"帐篷"元素的轮廓就制作好了，如图 6-14 所示。

绘制一个宽 170px、高 20px 的矩形和一个宽 5px、高 26px 的矩形，分别用于制作"露营点"图标的"底座"和"固定桩"，如图 6-15 所示。

图 6-14

图 6-15

步骤 2 设置图标颜色与 3D 效果

选中"帐篷"元素，在菜单栏中选择"效果"→"3D"→"凸出和斜角"，弹出 3D 凸出和斜角选项面板，在"位置"选项中选择"等角 - 左方"，"凸出厚度"一栏输入 120pt，然后点击"确定"，如图 6-16 所示。

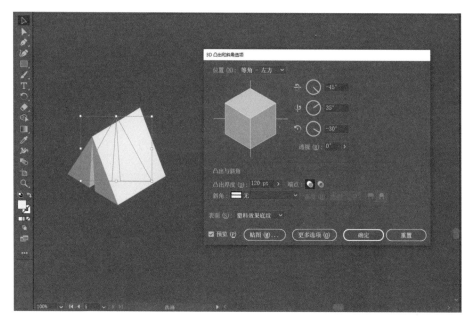

图 6-16

选中"底座"元素，在菜单栏中选择"效果"→"3D"→"凸出和斜角"，弹出 3D 凸出和斜角选项面板，在"位置"选项中选择"等角 - 左方"，"凸出厚度"一栏输入 170pt，然后点击"确定"，如图 6-17 所示。

选中"固定桩"元素，将其填充色改为 R:166\G:125\B:82，然后在菜单栏中选择"效果"→"3D"→"凸出和斜角"，弹出 3D 凸出和斜角选项面板，在"位置"选项中选择"等角 - 左方"，"凸出厚度"一栏输入 5pt，然后点击"确定"，如图 6-18 所示。

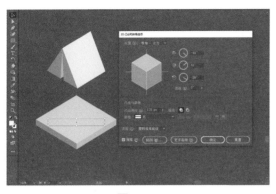

图 6-17

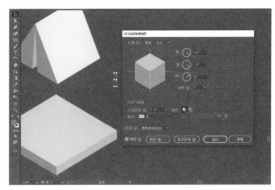

图 6-18

步骤 3 扩展 3D 外观并调整颜色

对"帐篷"元素进行"扩展外观"操作，并取消编组，再用直接选择工具拖曳控制点的方式，将其内部"厚度"元素的轮廓改为如图 6-19 所示。

将"入口面"填充色改为 R:232\G:232\B:232，"侧面"填充色改为 R:181\G:181\B:181，"内部面"填充色改为 R:128\G:128\B:128，如图 6-20 所示。

图 6-19

图 6-20

对"底座"元素进行扩展和取消编组操作后，将其顶面填充色改为 R:97\G:158\B:101，左侧面填充色改为 R:234\G:234\B:234，右侧面填充色改为 R:188\G:188\B:188，如图 6-21 所示。

将"固定桩"元素复制两份，将这些元素组合放置，再恰当地调整它们的前后叠放次序，"露营点"图标就制作好了，如图 6-22 所示。

图 6-21

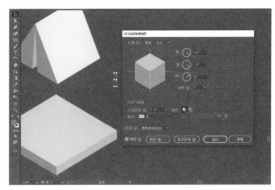

图 6-22

（3）绘制"酒店"图标

步骤 1　绘制图标轮廓

酒店图标的复杂程度看起来比之前两个要高很多，但是不用担心，我们只有按照一样的思路一步步操作，很快就能像搭积木一样把它做出来。

绘制一个宽 100px、高 40px 的白色矩形，再用文字工具键入"HOTEL"几个字母，字体为"思源黑体（Bold）"、文字大小为 23pt、填充色为 R:80\G:163\B:226，这些就是"招牌"元素所需的材料。

绘制一个宽 130px、高 130px 的白色矩形，再绘制一个宽 12px、高 12px，填充色与"HOTEL"一样的矩形，再将其复制为 3 行、4 列的矩阵，这些就是"楼体"元素所需的材料。

绘制两个宽 50px、高 5px 的矩形，再绘制两个宽 5px、高 26px 的矩形，这些就是"入口"元素所需的材料。

以上就是整个"酒店"图标所需的全部元素的轮廓，摆出来的样子如图 6-23 所示。

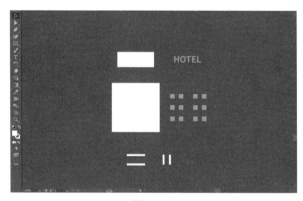

图 6-23

步骤 2　设置图标颜色与 3D 效果

将"招牌"元素中白色矩形的 3D 凸出和斜角选项设置为：等角 - 右方，凸出厚度 5pt。"HOTEL"的 3D 凸出和斜角选项设置为：等角 - 右方，凸出厚度 0pt，如图 6-24 所示。

将"楼体"元素中白色矩形的 3D 凸出和斜角选项设置为：等角 - 右方，凸出厚度 80pt。

将"窗户"元素的 3D 凸出和斜角选项设置为：等角 - 右方，凸出厚度 0pt，如图 6-25 所示。

图 6-24

图 6-25

将"入口"元素中两个宽 50px、高 5px 的矩形的 3D 凸出和斜角选项设置为：等角 - 右方，凸出厚度 50pt。将"入口"元素中两个宽 5px、高 26px 的矩形的 3D 凸出和斜角选项设置为：等角 - 右方，凸出厚度 5pt，如图 6-26 所示。

将各个元素的前后叠放次序进行恰当地调整，再组合在一起，酒店图标的雏形就已经浮现出来了，如图 6-27 所示。

图 6-26　　　　　　　　　　　　图 6-27

步骤 3　扩展 3D 外观并调整颜色

将所有的 3D 元素进行扩展外观操作。然后将"楼体"和"入口"顶面的颜色改为 R:98\G:137\B:88，"HOTEL"颜色改为 R:105\G:179\B:113，"窗户"颜色改为 R:80\G:163\B:226，所有的左侧白色受光面改为 R:242\G:242\B:242，所有的右侧白色背光面改为 R:193\G:193\B:193。经过以上的一轮颜色设置，"酒店"图标就绘制完成了，如图 6-28 所示。

图 6-28

（4）绘制"医疗点"图标

步骤 1　绘制图标轮廓

绘制一个宽 130px、高 28px 的绿色矩形，一个宽高均为 130px 的白色正方形，一个宽 15px、高 35px 的绿色矩形，再用文字工具键入"Medical"，文字大小为 20pt，如图 6-29 所示。

绘制一个宽 50px、高 50px 的矩形和一个宽 50px、高 19px 的等腰三角形，再用路径查找器将其"联集"为一个"挂旗"形状的图形，如图 6-30 所示。

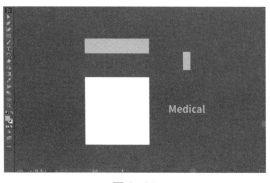

图 6-29

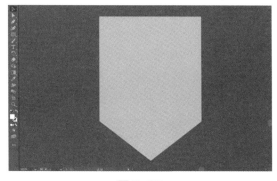

图 6-30

绘制一个宽 30px、高 7px 的矩形和一个宽 7px、高 30px 的矩形，用路径查找器将其合并成一个"+"，并放置在"挂旗"中央，如图 6-31 所示。

图 6-31

步骤 2　设置图标颜色与 3D 效果

将"绿色大矩形"和"白色正方形"元素的 3D 凸出和斜角选项设置为：等角 - 左方，凸出厚度 130pt。将"绿色小矩形"的 3D 凸出和斜角选项设置为：等角 - 左方，凸出厚度 1pt，如图 6-32 所示。

将"医疗挂旗"元素的 3D 凸出和斜角选项设置为：等角 - 右方，凸出厚度 0pt。将"Medical"的 3D 凸出和斜角选项设置为：等角 - 右方，凸出厚度 0pt，如图 6-33 所示。

图 6-32

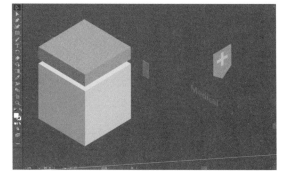

图 6-33

将以上元素进行组合，再对各个元素的大小比例做适当的调整，如图 6-34 所示。

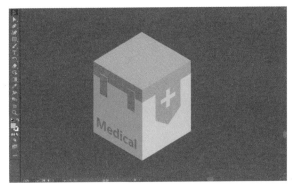

图 6-34

步骤 3　扩展 3D 外观并调整颜色

　　将所有的 3D 元素进行扩展外观操作。然后将"医疗点"图标各个面的颜色进行恰当的调整，该图标就绘制完成了，如图 6-35 所示。

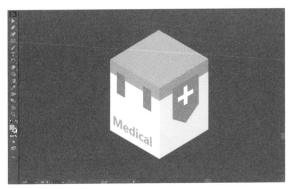

图 6-35

（5）绘制"停车场"图标

步骤 1　绘制图标轮廓

　　绘制一个宽 137px、高 31px 的矩形和一个宽 72px、高 22px 的梯形，再将两个图形"联集"组合，形成"车身"元素，如图 6-36 所示。

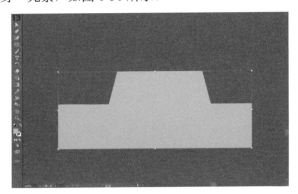

图 6-36

将符合图形最左侧上方的控制点向下拖曳，让"车头"有个斜度，如图 6-37 所示。

绘制一个宽 57px、高 15px 的梯形，作为"车窗"元素，再绘制一个宽 137px、高 13px 的矩形，作为"车身包围"元素，如图 6-38 所示。

图 6-37

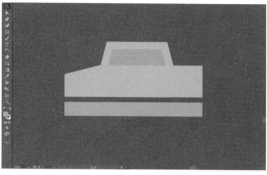
图 6-38

绘制两个直径为 12px 的黄色正圆形作为"车灯"元素，两组直径分别为 18px、32px 的同心圆，并用路径查找器"减去顶层"功能制作出圆环图形，作为"轮胎"元素，再绘制一对直径为 18px 的正圆，作为"轮毂"元素，如图 6-39 所示。

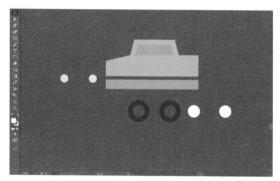
图 6-39

步骤 2　设置图标颜色与 3D 效果

将"车窗""车身""车身包围"元素的 3D 凸出和斜角选项设置为：等角 - 右方，凸出厚度 60pt。将"车灯"的 3D 凸出和斜角选项设置为：等角 - 左方，凸出厚度 2pt。将"轮胎""轮毂"元素的 3D 凸出和斜角选项设置为：等角 - 右方，凸出厚度 2pt，如图 6-40 所示。

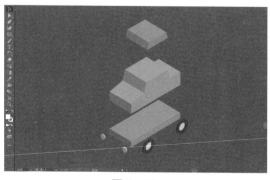
图 6-40

步骤 3　扩展 3D 外观并调整颜色

将所有的 3D 元素进行扩展外观操作。将“车窗”“车身包围”元素中多余的面删除，如图 6-41 所示。

将“车身”“车身包围”“车窗”元素组合，并将“车窗”左侧面的位置和形状做出适当的调整，如图 6-42 所示。

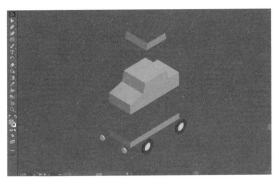

图 6-41

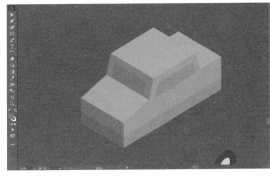

图 6-42

适当调整“车灯”“车轮”元素的尺寸，将其与“车身”等元素组合，如图 6-43 所示。

对整个“汽车”元素的各个面的颜色进行恰当地调整，如图 6-44 所示。

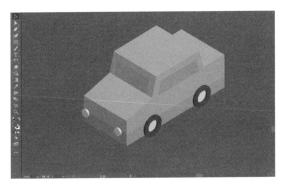

图 6-43

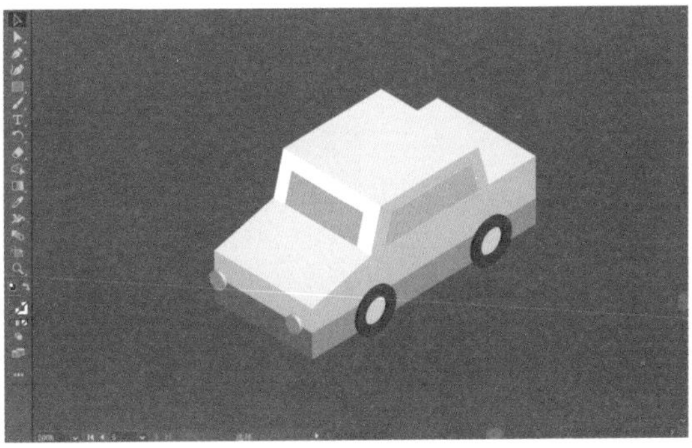

图 6-44

再将“露营点”图标中的“底座”复制过来，再绘制一个停车场“P”字标识牌，该图标就绘制完成了，如图 6-45 所示。

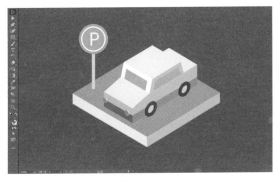

图 6-45

（6）绘制"地图"图标

制作两个"地点"图标，分别设置为蓝色和红色；再用钢笔工具绘制一根描边粗细为 4pt、分为三段、总宽 180px、高 36px 的折线，如图 6-46 所示。

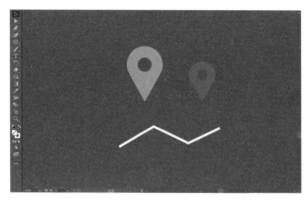

图 6-46

步骤 2　设置图标颜色与 3D 效果

将"地点"图标元素的 3D 凸出和斜角选项设置为：轴离 - 前方，凸出厚度 7pt。将"折线"元素的 3D 凸出和斜角选项设置为：等角 - 右方，凸出厚度 170pt，如图 6-47 所示。

图 6-47

步骤 3　扩展 3D 外观并调整颜色

将所有的 3D 元素进行扩展外观操作。将"折线"元素生成的"地图"元素取消编组，然后选中每个"顶面"执行操作：菜单栏→对象→路径→偏移路径，在"位移"栏中输入"-10"。然后将偏移路径组取消编组，将偏移出来的内部路径的填充色改为绿色，如图 6-48 所示。

用直接选择工具对偏移出的绿色方块的形状做出适当的调整和复制，调整时需注意绿色方块和整个"地图"元素轮廓线条之间的平行关系，如图 6-49 所示。

最后将所有元素组合恰当，再对各个面的颜色进行恰当地调整，整个"地图"图标就绘制完成了，如图 6-50 所示。

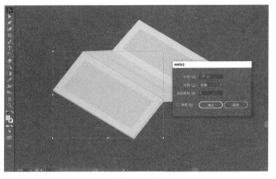

图 6-48

图 6-49

图 6-50

6.2 2.5D 风格插画

（1）绘制"大地"

步骤 1　绘制图形轮廓

　　绘制一个宽 835px、高 215px 的矩形，作为"地面"元素。绘制三个大小不一的蓝色椭圆形，作为"湖泊"元素。再绘制一根流畅的曲线，作为"道路"元素，如图 6-51 所示。

图 6-51

步骤 2　设置图形颜色与 3D 效果

将"地面"元素的 3D 凸出和斜角选项设置为：等角 - 左方，凸出厚度 655pt，如图 6-52 所示。

将"道路"元素的描边粗细改为 7pt、颜色改为深灰色，将湖泊的填充色设置为 R:31\G:132\B:182；再将"道路"和"湖泊"元素放置在"地面"元素内恰当的位置上，如图 6-53 所示。

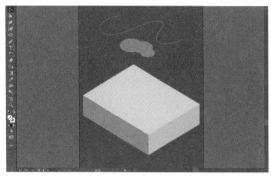

图 6-52

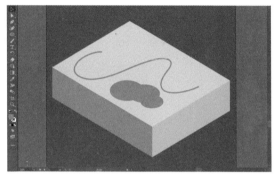

图 6-53

步骤 3　扩展 3D 外观并调整颜色

将"地面"的 3D 元素进行扩展外观操作。将其顶面填充色改为 R:90\G:154\B:97，左侧面填充色改为 R:56\G:96\B:61，右侧面填充色改为 R:81\G:138\B:87，如图 6-54 所示。

绘制一根流畅的曲线穿过该顶面右侧边线，如图 6-55 所示。

图 6-54

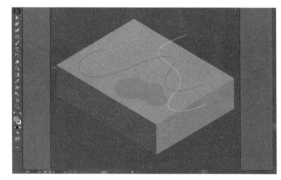

图 6-55

按住"shift"键，同时选中顶面和穿过该顶面的曲线，用"形状生成器"工具提取两个图形元素围闭出的右侧图形，如图 6-56 所示。

删除"形状生成器"产生的多余元素，并将生成的图形填充色改为 R:152\G:197\B:128，如图 6-57 所示。

（2）绘制"山"与"树"

该案例中的"山"和"树"都是由较为简单的三角锥形构成，使用钢笔工具随意地画出

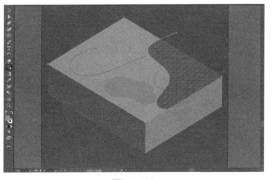

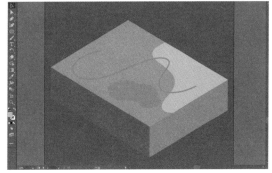

图 6-56	图 6-57

一个三角形，再将其镜像就可以做到。但这个过程中会遇到一个问题，就是需要让三角形的底边与整个案例中所有其他元素的底边平行，从而保证整个"2.5D 空间"的统一，这倒不是没法做到，有兴趣的读者朋友可以尝试一下。本书中推荐的是一种更不容易出错的方法，具体操作步骤如下。

步骤 1 绘制图形轮廓

　　绘制一个边长为 169px 的立方体。

步骤 2 设置图形颜色与 3D 效果

　　将立方体的 3D 凸出和斜角选项设置为：等角 - 左方，凸出厚度 169pt，如图 6-58 所示。

步骤 3 扩展 3D 外观并调整颜色

　　将"立方体"的 3D 元素进行扩展外观操作，并删除其顶面，如图 6-59 所示。

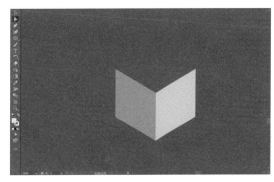

图 6-58	图 6-59

　　选中左侧面，用钢笔工具单击其左上角控制点，从而"减去"该控制点，将左侧面转换为三角形，如图 6-60 所示。

　　对右侧面进行同样的操作，再用直接选择工具框选两个三角形重合边线的上方控制点，将其向上拖曳至恰当的位置，得到"山"元素所需的三角锥，如图 6-61 所示。

　　将三角锥左侧面的填充色改为 R:129\G:171\B:80，右侧面填充色改为 R:67\G:115\B:52，如图 6-62 所示。

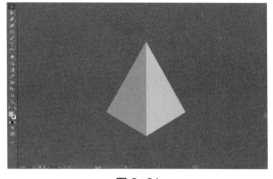

图 6-60　　　　　　　　　　　　　　　　　图 6-61

　　将三角锥复制一份，等比缩小至宽度为 30px，再用直接选择工具框选其顶部顶点并向下拖曳至恰当位置，作为"树冠"所需的元素，如图 6-63 所示。

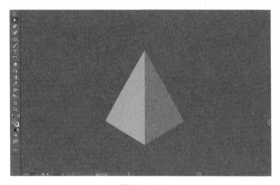

图 6-62　　　　　　　　　　　　　　　　　图 6-63

　　将"树"所需的三角锥元素复制两份，适当放大，再以尺寸从大到小，从底到顶的次序排列，最后将三个三角锥的侧面颜色设置恰当，"树冠"部分就做好了，如图 6-64 所示。

　　绘制一根宽 4px、高 16px 的棕色圆矩形，作为"树干"元素，再将其叠放在"树冠"下方，"树"就画好了，如图 6-65 所示。

图 6-64　　　　　　　　　　　　　　　　　图 6-65

　　用钢笔工具绘制一根折线，穿过"山顶"，再用"形状生成器"工具将"山顶"分离出来，如图 6-66 所示。

　　删除多余的线条元素，将山顶左侧面填充色改为 R:246\G:242\B:222，右侧面填充色改为 R:195\G:221\B:192，如图 6-67 所示。

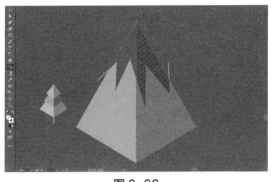

图 6-66

图 6-67

复制若干个"树",再将这些"树"和"山"放置在"大地"的恰当位置上,如图6-68所示。

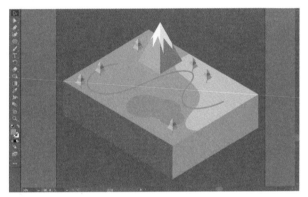

图 6-68

(3)绘制"露营车"与"帐篷"

步骤 1 绘制图形轮廓

绘制露营车的方法与前面章节中介绍的"停车场图标"的绘制方法一致,都是先制作"车辆"的侧面图,再用 3D 凸出和斜角功能将其转化为 2.5D 效果。因此首先要绘制"露营车"车身侧面的平面效果,如图 6-69 所示。

图 6-69

该侧面图的具体绘制过程就不做赘述了，车身的总体尺寸大约为宽 95px、高 55px，车轮总体直径约 20px。

步骤2　设置图形颜色与 3D 效果

所有"车身"元素的 3D 凸出和斜角均设置为：等角 - 左方，凸出厚度 50pt，"车轮"元素的 3D 凸出和斜角均设置为：等角 - 左方，凸出厚度 2pt，如图 6-70。

步骤3　扩展 3D 外观并调整颜色

扩展外观，并删除每个 2.5D 图形元素中的多余顶面，再用直接选择工具适当改变"车窗"等元素的轮廓，最后再调整每个面的填充色，就可以得到"露营车"的雏形了，如图 6-71 所示。

图 6-70　　　　　　　　　　　　　　图 6-71

通过复制"车头"正面和侧面，再缩放尺寸、改变比例的方式，为车头增添一些"进气格栅""车灯"等细节，如图 6-72 所示。

最后复制车顶面、拖曳控制点，制作出"遮阳棚"元素，再绘制两条宽 1px、高 30px 的圆矩形作为支撑杆，整个"露营车"就绘制完成了，如图 6-73 所示。

图 6-72　　　　　　　　　　　　　　图 6-73

将"露营车"放置在"大地"中，再复制三个"露营点图标"中的"帐篷"，放置在"大地"的恰当位置上，如图 6-74 所示。

（4）绘制"天空"

相信各位读者也看出来了，这幅插图中的"白云"和"太阳"元素均来自前文中介绍到的"天气图标"。只需要对"白云"元素进行复制、镜像、缩放、改变填充色等一系列操作就可以快速画出"一片天空",如图 6-75 所示。

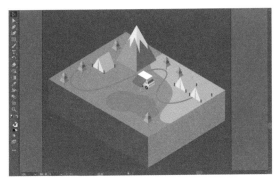

图 6-74

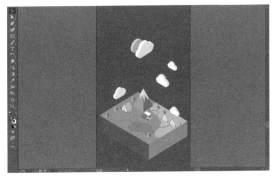

图 6-75

至此,整个 2.5D 风格的插图部分就绘制完成了。

6.3　2.5D 风格文字

步骤 1　键入并设置文字

用文字工具键入"LOVE OUTDOOR 最爱是户外"当然,各位读者完全可以输入自己喜欢的文字内容。由于本章案例是 2.5D 效果,因此英文字体选用的是一款以直线条为主的、方方正正的字体——Bebas,字体大小为 316pt,行距为 380pt;中文则是"思源黑体(heavy)",字体大小为 260pt,行距为 380pt,而为了搭配英文字体"瘦高"的形态,在中文字的"水平缩放"一栏中输入了 75%,使中文字变得一样"瘦高",如图 6-76 所示。

图 6-76

在这一系列文字设置中不难发现,为了保证整段文字排版看起来统一、均衡,需要针对英文和中文的字体大小、行距等参数进行不同的设置。这需要设计师对文字排版的视觉感受保持敏感,切不能盲目地相信电脑默认的"标准"。

将文字的 3D 凸出和斜角均设置为：等角 - 右方，凸出厚度 50pt，如图 6-77 所示。

对立体文字进行扩展外观操作，然后将所有的文字"正面"填充色改为 R:255\G:243\B:131，2.5D 效果的文字案例就完成了，如图 6-78 所示。

图 6-77 图 6-78

6.4　2.5D 风格综合设计

本章的"图标"和"插画"案例的制作过程都较为烦琐，因此综合设计案例的操作就安排得相对简单。首先是将前面已绘制好的 2.5D "插画"和"文字"案例元素进行组合，再将背景色改为 R:105\G:179\B:113，如图 6-79 所示。

图 6-79

绘制一个长宽均为 245px、圆角为 64 的圆矩形，颜色与 2.5D 文字正面一致；再用文字工具键入"最爱是户外"，字体为"思源黑体（heavy）"，水平缩放 75%，作为这个虚拟 APP 产品的图标，如图 6-80 所示。

图 6-80

单击工具栏最下方的"编辑工具栏"按钮，展开所有工具，如图 6-81 所示。
按住"矩形网格工具"，将其拖曳至工具栏任意位置，如图 6-82 所示。

图 6-81   图 6-82

用矩形网格工具，在画板的左上角按下鼠标左键后拖曳至右下角，画出与画板等大的矩形网格。注意，这时不要松开鼠标，保持左键按住的状态，连续按下键盘的"↑"和"→"方向键，以增加网格的行数和列数，如图 6-83 所示。

图 6-83

将网格的描边设置为 1pt，描边颜色为白色，然后将其叠放至倒数第二层，绿色背景的上方，该案例就制作完成了，如图 6-84 所示。

图 6-84

CHAPTER SEVEN

7

合理地运用风格

7.1 风格与产品定位

在本书开头提到"风格是帮助传递情感的有力工具。它可以为设计作品营造氛围，帮助唤起情感，提升体验品质。"经过一系列的案例学习，对于"风格"的作用有了比较全面的理解之后，就需要进一步思考"风格"的用法。

在实际的商业设计过程中，一般是依据"产品定位"来选用特定的视觉风格的。"定位"的概念来自市场营销战略，产品定位是消费者依据产品属性定义产品的方式，即与竞争产品相比，产品在目标顾客心目中的位置。因此从情感价值的角度分析产品与竞品更有助于在商业竞争中找到恰当的"定位"。有了明确的市场定位才会有清晰的目标人群特征，进而才能明确具体的设计需求，尤其是"情感需求"。在 UI 设计中，风格是帮助表达特定情感的工具，所以选用何种风格事实上是在斟酌该为产品附加何种情感要素，而这需要明确的产品定位战略作指导。

关于如何进行产品定位进而提出明确设计需求的工作，在规模较大的企业里大多由产品经理负责，这是一项需要具备丰富的知识积累和市场经验以及洞察力的工作，对于刚刚接触 UI 设计的读者来说暂时只需要明白——市场定位战略是选定风格的决策依据。

以第六章的"最户外"APP 案例为例，虽然该案例是一个虚拟的设计案例，它也有明确的产品定位。该产品面向的是大城市里刚刚开始参与露营活动的年轻人，产品的主要功能是在手机上提供露营点的实用信息，以及露营方面的知识。产品的设计关键词是"自然、年轻、简洁、可靠"。

7.2 构建风格情绪板

为了更有效地指导设计，我们需要将产品设计关键词视觉化。开展以上视觉化设计工作的关键工具是情绪板。情绪板（Mood Board）设计方法是通过语义联想将模糊的情感词汇与图像相联系，并从图像中提取设计元素进行设计的过程。这些具体的图像素材既不局限于设计项目所属的行业，也不需要局限于艺术或设计作品本身，只需要素材准确地展现与关键词对应的视觉印象，就可以作为有效素材。有了情绪板我们就能把握住风格的走向，同时也能让参与项目的每一个人在风格走向上达成一定的共识。"最户外"APP 的情绪板如图 7-1 所示。

图 7-1

7.3 提炼设计元素

为了确保设计方向的准确性，需要在进行具体的风格化设计之前基于情绪板的内容从符号学的角度提炼设计元素。简单而言就是在情绪板中提炼出可以映射"情绪"的设计元素，针对基础的 UI 设计而言主要围绕以下几个方面进行的风格化设计。

① 图案元素：图案可以非常直接地传递信息，在设计中经常发挥重要作用。符号学将映射分为显性映射和隐性映射。显性映射是将提取的图案元素直接用于设计，隐性映射是将图案元素通过简化、夸张、重复等手段将其演变后用于设计。如图 7-2 所示，"最户外"APP 的方格底纹即是将地图图案特征进行设计简化后得到的效果。

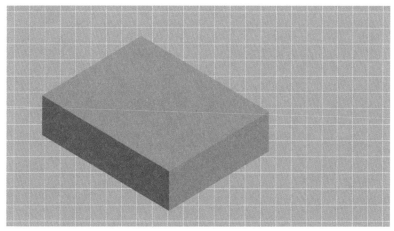

图 7-2

② 色彩元素：色彩可以对人的情绪产生直接的影响，因此提炼色彩元素是提炼设计元素的关键环节之一。提炼色彩元素时可以直接从情绪板中拾取颜色，再进行设计规划，确立产品的主色与辅助色的色值。"最户外"APP 的色彩元素如图 7-3 所示。

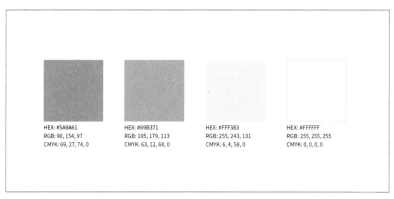

HEX: #5A9A61
RGB: 90, 154, 97
CMYK: 69, 27, 74, 0

HEX: #69B371
RGB: 105, 179, 113
CMYK: 63, 12, 68, 0

HEX: #FFF383
RGB: 255, 243, 131
CMYK: 6, 4, 58, 0

HEX: #FFFFFF
RGB: 255, 255, 255
CMYK: 0, 0, 0, 0

图 7-3

③ 构图方式：有时候构图方式也可以直接映射特定的情绪，例如本书第 4 章的"线性风格案例"中竖排文字结合较多留白的构图方式就能有效地营造中国古代诗词的意境，如图 7-4 所示。

图 7-4

7.4 融合设计需求与设计元素

　　如果已经有了明确的"设计需求"和"设计元素",接下来就是让"需求"和"风格"融合,并产生"化学反应",形成设计方案。这是整个设计工作中最有趣且最具挑战性的部分。设计最大的价值就是创新,而创新一般都产生于上述步骤中。融合设计需求与元素的步骤需要设计师根据自身的知识与经验,灵活地运用各种创新的方法才有可能做出优秀的设计方案。

　　本章所介绍的关于合理运用视觉风格的设计方法可以概括为一张图表,如图 7-5 所示。

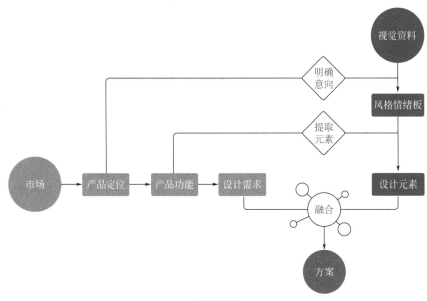

图 7-5

参 考 文 献

[1] 加里·阿姆斯特朗，菲利普·科特勒.市场营销学 [M].北京：中国人民大学出版社，2017.

[2] 杨洋.界面设计中基于符号学的设计元素提取方法研究 [J].大众文艺，2018(2):108.

[3] 吴志军.基于产品符号认知的创新设计过程模型构建与应用研究 [D].无锡：江南大学，2021.

[4] 梁峭.防暴车辆造型特征与感性语义映射研究 [J].创意与设计，2021(2):35-42.

[5] 杨程.面向用户情感的情绪板界面设计方法改进 [J].包装工程，2019(6):157-161.

[6] 贡布里希.艺术的故事 [M].南宁：广西美术出版社，2011.

[7] 佐藤卓.鲸鱼在喷水 [M].北京：中信出版社，2014.

[8] 赖声川.赖声川的创意学 [M].南宁：广西师范大学出版社，2020 .

[9] 荒木飞吕彦.荒木吕飞彦的漫画术 [M].北京：新星出版社，2018.

[10] 陈望道.修辞学发凡 [M].上海：复旦大学出版社，2020.

[11] 余华.我们生活在巨大的差距里 [M].北京：北京十月文艺出版社 ,2015.

[12] 理查德·布雷特尔.牛津艺术史系列：现代艺术：1851—1929[M].上海：上海人民出版社，2012.

[13] 保罗·福塞尔.格调：社会等级与生活品味 [M].北京 :北京联合出版公司，2017.

[14] 让·鲍德里亚.物体系 [M].上海：上海人民出版社，2019.

[15] 约瑟夫·米勒－布罗克曼.平面设计中的网格系统 [M].上海：上海人民美术出版社，2016.

[16] 金伯利·伊拉姆.设计几何学 [M].上海：上海人民美术出版社，2018.

[17] 王铎.新印象 解构 UI 界面设计 [M].北京：人民邮电出版社，2019.

[18] 戴力农.设计调研 [M].北京：电子工业出版社，2016.

1. 绘制简单图形 2. 几何化风格 3. 线性风格 4. 渐变风格 5. 2.5D风格